BIANDIAN JIKONGZHAN
SHEBEI JIZHONG JIANKONG
YUNXING YU GUANLI

变电集控站设备集中监控
运行与管理

国网宁夏电力有限公司培训中心　编

中国电力出版社
CHINA ELECTRIC POWER PRESS

内容提要

本书针对电网设备集中监控专业岗位工作任务所需的知识与技能编写。全书共分为八章，内容包括变电站基础知识、新一代变电站集中监控系统、集控站监控运行管理、集控站监控运行风险辨识及防范措施、集控站监控信息接入及验收、集控站变电设备典型监控信息释义及处置、集控站集控系统管理、输变电设备状态在线监视与分析管理。

本书结合电力生产工作实际进行编写，实用性较强，对现场工作具有一定的指导性，可作为电网设备集中监控人员、变电站运维人员及二次系统运检人员的岗位技能培训教材和工作手册，也可以作为职业院校相关专业教学参考资料。

图书在版编目（CIP）数据

变电集控站设备集中监控运行与管理/国网宁夏电力有限公司培训中心编. —北京：中国电力出版社，2024.5（2025.1 重印）

ISBN 978-7-5198-8732-2

Ⅰ. ①变…　Ⅱ. ①国…　Ⅲ. ①变电所－电力系统运行－监视系统　Ⅳ. ①TM63

中国国家版本馆 CIP 数据核字（2024）第 094873 号

出版发行：中国电力出版社
地　　址：北京市东城区北京站西街 19 号（邮政编码 100005）
网　　址：http://www.cepp.sgcc.com.cn
责任编辑：乔　莉（010-63412535）
责任校对：黄　蓓　王小鹏
装帧设计：郝晓燕
责任印制：吴　迪

印　　刷：固安县铭成印刷有限公司
版　　次：2024 年 5 月第一版
印　　次：2025 年 1 月北京第二次印刷
开　　本：787 毫米×1092 毫米　16 开本
印　　张：13.75
字　　数：282 千字
定　　价：78.00 元

编 委 会

组编单位　国网宁夏电力有限公司培训中心

主　　任　李朝祥

副 主 任　贾黎明　丁　超

委　　员　曹中枢　吴培涛　闫敬东　韩世军　田　蕾　王　成

主　　编　邢　雅

编写人员　陈　明　苏　平　马小军　马德萍　梁宗裕　房艺丹
赵晓利　刘磐龙　刘　垚　冯　洋　王　宏　王　磊
车靖阳　常　平　吕伟钊　叶　赞　朱　静　张馨月
郭　澂　余金花　马　丁　林　川　侯　峰　潘丽娟
朱永伟　杨小龙　徐慧伟　樊　博

前言

近年来，国家电网有限公司提出落实“设备主人制”，因地制宜优化变电站属地运维模式，实施变电集中监控，推进变电设备集中监控业务与变电运维业务融合。要求以强化电网设备安全保障为目标，围绕“降低重心、贴近设备、强化基础、精益管理”工作思路，优化设备监控职责，加快推进变电运维模式优化和集控站建设，加强变电设备管理，提升变电设备监控强度和质量，构建“无人值守+集中监控”变电运维管理新模式，实现集控站设备状态管控能力全面升级。变电集控站及新一代集中监控系统的建设和运行、“两个替代”的深入推进都伴随着大量新技术的更新、新设备的迭代、监控岗位职责的进一步调整以及设备监控管理模式的变革，对从业人员的专业能力以及技能水平提出了更高的要求。

本书以国家、行业及企业标准、规范为依据，注重理论联系实际，知识与技能结合，紧紧围绕电网设备集中监控专业岗位工作任务所需的专业知识与技能进行编写。内容涵盖了变电站基础知识、新一代变电站集中监控系统、集控站监控运行管理、集控站监控运行风险辨识及防范措施、集控站监控信息接入及验收、集控站变电设备典型监控信息释义及处置、集控站集控系统管理、输变电设备状态在线监视与分析管理。

本书以培训需求为导向，以提升岗位胜任能力、贴近岗位工作实际为目的，为更好地强化运维监控融合发展，有效提升设备主人履职能力，全面提升集控站监控人员状态感知、缺陷发现、主动预警、设备管控和应急处置“五种能力”。本书内容系统、实用、有切实指导作用，可培养具有高职业素养和创新能力的工匠型、技能型、实用型人才。

由于编者水平有限，写中难免存在疏漏或不妥之处，敬请读者提出批评指正。

编者

2024 年 4 月

目录

前言

第一章　变电站基础知识……1

第一节　变电站一次设备……1

第二节　变电站二次设备……12

第三节　智能变电站简介……22

第四节　变电站辅助设备……27

第二章　新一代变电站集中监控系统……38

第一节　新一代变电站集中监控系统简介……38

第二节　远程智能巡视系统……46

第三节　变电站监控信息传输原理……51

第三章　集控站监控运行管理……57

第一节　一般规定……57

第二节　集控站监控班管理……57

第三节　变电设备监视管理……61

第四节　监控信息处置管理……63

第五节　远方操作……65

第六节　一键顺控技术……68

第七节　监控缺陷管理……70

第八节　设备事故（异常）处置管理……72

第九节　电压调整及无功管理……73

第十节　变电设备监控统计分析管理……75

第十一节　监控记录管理……76

第四章　集控站监控运行风险辨识及防范措施 ······ 79
第一节　综合安全管理及人员业务安全管控风险辨识及防范措施 ······ 79
第二节　监控运行管理及设备监视操作处置风险辨识及防范措施 ······ 81
第三节　设备集中监控业务流程及监控运行分析风险辨识及防范措施 ······ 86
第四节　监控业务技术支撑系统风险辨识及防范措施 ······ 89

第五章　集控站监控信息接入及验收 ······ 90
第一节　变电站设备监控信息接入的要求及范围 ······ 90
第二节　变电站设备监控信息表管理 ······ 93
第三节　变电站监控信息验收管理 ······ 102
第四节　监控信息验收流程 ······ 110
第五节　监控信息自动验收技术 ······ 113

第六章　集控站变电设备典型监控信息释义及处置 ······ 118
第一节　一次设备典型监控信息释义及处置 ······ 118
第二节　二次设备典型监控信息释义及处置 ······ 142
第三节　辅助设备（设施）典型监控信息释义及处置 ······ 178

第七章　集控站集控系统管理 ······ 188
第一节　集控系统验收管理 ······ 188
第二节　集控系统运行管理 ······ 194
第三节　集控系统缺陷处理 ······ 205

第八章　输变电设备状态在线监视与分析管理 ······ 209

参考文献 ······ 212

第一章　变电站基础知识

第一节　变电站一次设备

变电站一次设备是指直接进行电能接受与分配的所有设备。本节主要介绍变电站中常用的一次设备，内容涵盖变电站一次设备基本概念、工作原理、作用、结构组成及各组成部分功能。

一、电力变压器

（一）基本概念

变压器是一种静止电器，它是利用电磁感应原理实现从一种等级的交流电变换为另一种等级的交流电的电磁装置；它主要由铁芯（磁路）及两个或两个以上的绕组（电路）组成，绕组之间由铁芯中交变磁通联系（磁耦合）。

（二）变压器分类

变压器分类及其代表符号见表 1-1。

表 1-1　　变压器分类及其代表符号

项目	分类	代表符号
绕组	双绕组	/
	三绕组	S
	自耦	O
相数	单相	D
	三相	S
冷却方式	油浸自冷（ONAN）	J（可不标）
	油浸风冷（ONAF）	F
	油浸水冷（ONWF）	S
	强迫油循环风冷（OFAF/ODAF）	FP
	强迫油循环水冷（OFWF/ODWF）	SP
绕组导线材质	铜	/
	铝	L

续表

项目	分类	代表符号
调压方式	有载调压	Z
	无载调压（无励磁调压）	/

根据用途的不同，变压器可分为升压变压器、降压变压器、联络变压器、特殊变压器。根据中性点绝缘水平的不同，变压器可分为全绝缘变压器和分级绝缘变压器。

（三）组成结构与功能

变压器主要部件有绕组和铁芯。绕组是变压器的电路，铁芯构成变压器主磁路，两者组成变压器的核心，即电磁部分。除此之外，变压器还有油箱、绝缘油、冷却装置、储油柜（油枕）、绝缘套管、分接开关、测温元件等附件。

1. 铁芯

铁芯是变压器电磁感应的磁路部分，是变压器主要组成部分，由铁芯柱（柱上套装绕组）、铁轭（连接铁芯以形成闭合磁路）组成。为了减小磁路的涡流和磁滞损耗，提高导磁性，铁芯一般采用 0.35～0.50mm 厚的硅钢片涂绝缘漆后交错叠成，其作用是构成主磁通的导磁回路和构成器身的骨架。

2. 绕组

绕组是变压器输入和输出电能的电气回路，是变压器基本部件，由绝缘的圆、扁铜线或铝线绕制的多层线圈，再配置各种绝缘件组成后套装在铁芯上，导线外绝缘用纸绝缘或纱包绝缘。绕组有一次绕组和二次绕组之分，其作用为变压器的电路部分和用于铁芯励磁和传输电能。

3. 冷却系统

冷却系统的作用是降低变压器温升，提高变压器效率。变压器在运行中会产生损耗，损耗将转换为热量散发出来，使变压器绕组、铁芯和变压器油的温度上升。变压器的温升影响它的带负荷能力，同时会加速变压器绕组和铁芯绝缘材料的老化，影响使用寿命。

以强迫油循环风冷系统为例，冷却系统主要由冷却器、冷却风扇、潜油泵和控制系统组成。冷却器的作用是增加冷却表面积，提高散热效率；冷却风扇作用是提高冷却器表面空气流动速度，加速变压器油与空气的热交换速度；潜油泵作用是提高油的流速，加速变压器油的内部热对流速度；控制系统作用是形成冷却器投退的温度控制机制，并与变压器非电量保护配合完成超温告警或跳闸功能。

4. 分接开关

分接开关是连接以及切换变压器分接头的装置，用于调整变压器电压比，分为无载调压和有载调压两种。

5. 辅助设备

（1）套管：套管将变压器内部的高、低压引线引到油箱外部。套管不仅是引线的对地绝缘部件，而且有固定引线的作用。目前都采用瓷质套管。

（2）储油柜：储油柜也叫油枕，安装在变压器油箱顶部，是变压器油存储、补充及保护的组件。储油柜均采用密封结构，使变压器油与外界空气彻底隔离。常用的密封结构有橡胶囊密封、橡胶隔膜密封和金属波纹密封。

储油柜作用：①调节油的热胀冷缩；②保证变压器油箱的储油量，防止油面降低时露出铁芯和绕组而影响散热和绝缘；③减少油和空气的接触面，防止油被过速氧化。

（3）呼吸器：又称吸湿器，由油封、容器和干燥剂组成，容器内装有干燥剂。呼吸器是提供变压器由于负荷或温度变化时内部气体出入的通道，用以缓解变压器正常运行时因温度变化产生的对油箱的压力。呼吸器内装的干燥剂，用以清除吸入空气中的潮气和杂质；油封杯中装有变压器油，将大气和干燥剂隔绝，延长干燥剂使用寿命。

（4）油位计：油位计用于指示和监视变压器储油柜的油位。

（5）压力释放阀：当油浸式变压器内部出现故障时，变压器油气化，会产生大量气体，造成变压器油箱中压力急剧升高。此时，压力释放阀动作释放压力，保证油箱保持正常压力，以防止变压器油箱爆炸或变形。

（6）油面温控器：用来测量变压器的顶层油面温度，并具有报警和控制驱动冷却系统的功能，以达到控制变压器温升的目的。

（7）绕组温控器：用来测量变压器绕组温度，并利用绕组温度信号投切变压器冷却系统，能及时有效改善变压器运行工况。

（8）气体继电器：气体继电器是变压器主要保护装置，安装在变压器油箱和储油柜连接管上，当变压器发生内部故障时，气体继电器动作发出信号或切除变压器，从而起到保护变压器的作用。

二、高压断路器

（一）基本概念

高压断路器是电力系统的重要开关电器。其主要功能是：①正常运行时倒换运行方式，将各种电气设备和电力线路投入或退出运行，起控制作用；②当电气设备或线路发生故障时，和继电保护配合能快速切除故障回路，保证无故障部分正常运行，起保护作用；③完成自动重合闸任务。高压断路器最大特点是能断开电气设备中负荷电流和短路电流。

（二）工作原理

高压断路器熄灭交流电弧的基本方法有：①利用灭弧介质（空气、油、SF_6、真空等）；②采用特殊金属材料制作触头（常用的触头材料有铜、钨合金和银、钨合金等）；③利用气体或油吹动电弧；④采用多断口熄弧；⑤采用强有力的分闸机构，提高触头分离速度。

（三）组成结构与功能

以敞开式 SF_6 断路器为例，断路器的组成结构总体可以分为开断元件、绝缘支撑元件、传动元件、基座和操动机构等部分。

1. 开断元件

开断元件的作用是开断、关合电路和安全隔离电源。开断元件主要组成包括导电回路、动静触头和灭弧装置。为限制高压断路器合闸时产生的操作过电压和合闸涌流，在多断口高电压断路器断口装设并联电容器。并联电容的作用是在断路器开断过程中使每个断口上承受的恢复电压基本相等，且在电弧电流过零后，降低断路器断口间恢复电压速度，提高断路器开断近区故障能力。

2. 绝缘支撑元件

绝缘支撑元件的作用是支撑开关的器身，承受开断元件的操动力和各种外力，保证开断元件的对地绝缘。常见的绝缘支撑元件主要有瓷柱、瓷套管和绝缘管。

3. 操动机构

操动机构是断路器的机械操动装置，通过它可以对断路器进行操作，将其他形式的能量转换成机械能使断路器准确地进行分、合闸。其根据能量形式的不同，可分为电磁、液压、弹簧、气动操动机构等。

4. 传动系统

传动系统连接着操动机构和触头，主要包括传动元件、提升机构和它们之间的传动机构。

5. 基座

基座的作用是支撑和固定开关。

三、隔离开关与接地开关

(一) 基本概念

(1) 隔离开关是一种结构比较简单的开关电器，是电力系统中重要的开关电器之一。它由操动机构驱动本体刀闸进行分、合，分闸后形成明显的电路断开点。一般隔离开关只能在电路断开的情况下进行分合闸操作，或接通及断开符合规定的小电感电流和电容电流回路。它没有专门的灭弧装置，不能用来开断负荷电流和短路电流，隔离开关通常与断路器配合使用。

(2) 接地开关起到在电网设备检修时将设备接地，以保护作业人员人身安全的作用。接地开关的工作原理是将设备接地，使电流通过它流入大地，从而避免对作业人员人身造成伤害。

(二) 作用

1. 隔离开关作用

(1) 隔离电源：在设备检修时用来隔离有电和无电部分，形成明显的断开点，保证工作人员的安全。必要时应在隔离开关上附设接地开关，供检修时接地用。

（2）倒闸操作：和断路器配合进行倒闸操作，改变运行方式。

（3）分、合小电流：隔离开关不能开断或闭合负荷电流和短路电流，但可拉、合小电感电流和电容电流回路。

2. 接地开关作用

在电网设备检修时将设备接地，保护作业人员人身安全。

（三）组成结构与功能

（1）隔离开关的基本组成主要包括导电部分、绝缘部分、传动机构、支撑底座和操动机构等部分。各部分功能可参考断路器部分。

（2）普通接地开关通常由接地刀、操动机构、绝缘部分和基座组成。

（3）快速接地开关。

1）快速接地开关结构与功能。快速接地开关的触头采用铜钨合金，耐高温性能好；操动机构为弹簧机构，动作速度快。具有关合短路电流能力，专门用于电力系统人工接地的快速隔离。除配有液压或电动的快速操动机构外，其余结构与普通接地开关相同。

2）快速接地开关作用。

a．配合重合闸使用。可以与单相重合闸配合使用，在故障相开关跳闸后故障相的快速接地开关快速合入，将故障相强制接地，消除潜供电流，使故障点的电弧熄灭，故障消除后快速接地开关再迅速打开，最后单相重合闸将故障相开关重新合闸成功，线路最终正常运行。

b．防止 GIS 爆炸。快速接地开关能合上接地短路电流，使电路直接接地，通过继电保护装置使断路器跳闸，从而切断故障电流。快速接地开关通常是安装在进线侧。

c．作为检修安全措施。仍然作为普通接地开关使用。

四、高压成套配电设备

高压成套配电设备（以下称高压开关柜）广泛应用于配电系统，作接受和分配电能之用。其既可根据电网运行需要将电气设备或线路投入或退出运行，也可在电气设备或线路发生故障时将故障部分从电网中快速切除，从而保证电网中无故障部分的正常运行以及设备和运行维修人员的安全。

（一）基本概念

高压开关柜是以断路器为主的电气设备，是生产厂家根据电气一次主接线图的要求，将有关的高低压电器（包括控制电器、保护电器、测量电器）以及母线、载流导体、绝缘子等装配在封闭的或敞开的金属柜体内，作为电力系统中接受和分配电能的装置。

（二）作用

高压开关柜是在电力系统发电、输电、配电以及电能转换和消耗中起通断、控制或保护等作用的电气设备。它是变电站 35kV 和 10kV 电压等级的主要电气控制设备。当系统正常运行时，能切断和接通线路及各种电气设备的空载和负载电流；当系统发生故障时，它能和继电保护配合迅速切除故障电流，防止扩大事故范围。

（三）组成结构与功能

高压开关柜总体由母线室、手车室、电缆室和仪表室四部分组成，每个室内又包含若干元件。

1. 母线室

母线室包括母线套管、主母线、分支母线、静触头等元件。母线套管用于支持、固定母线排，并使母线排对柜体绝缘；主母线用于汇集、分配电能；分支母线用于从主母线引出分支至断路器上口静触头；静触头盒用于支持、固定断路器上口静触头，并使上口静触头对柜体绝缘。

2. 手车室

手车室主要由手车轨道、静触头盒隔板和真空手车断路器组成。手车轨道用于手车在柜内移动时的导向和定位；静触头盒隔板用于手车在试验位置和工作位置的移动过程中，遮挡上、下静触头盒的活门自动相应打开或闭合，形成各室间有效的隔离。

3. 电缆室

电缆室包括电流互感器、避雷器、电压互感器、接地开关、后柜门、出线高压电缆等。

4. 仪表室

仪表室（又称继电器室）可安装继电保护元件、仪表、带电显示装置，以及特殊要求的二次设备。控制线路安装在有足够空间的线槽内，并有金属盖板，可使二次线与高压室隔离。仪表室内板与面板可安装控制、保护元件、计量、显示仪表、带电显示等二次元件。

5. 压力释放装置

在断路器手车室，母线室和电缆室的上方均设有压力释放装置。当断路器或母线发生内部故障时，伴随电弧的出现，开关柜内部压力急剧升高，顶部装设的压力释放金属板将被自动打开，释放压力和排泄气体，以确保操作人员和开关柜的安全。

（四）开关柜的联锁

开关柜设有完善的联锁结构，以保证操作本身的正确性和操作者的人身安全。

1. 手车位置与断路器的联锁

(1) 只有当手车上的断路器处于分闸状态时，手车底盘车内阻止手车移动的联锁才能解锁，手车才能离开工作位置或试验位置。

(2) 只有当手车锁定在试验位置或工作位置时，手车上的电气控制回路才能接通，同时手车底盘车内阻止断路器合闸的联锁才能解锁，断路器才能合闸。

2. 手车位置与接地开关的联锁

(1) 只有当手车处于试验位置或检修位置时，手车阻止开关柜接地开关关合的联锁才能解锁，这时开关柜的接地开关才能合闸。

（2）接地开关处于合闸状态时，接地开关操作轴上的联锁结构将阻挡手车移动，以使手车不能向工作位置推进。

3. 手车位置与二次插头的联锁

手车进入柜内后，二次插头与手车位置之间应有以下联锁。

（1）只有当手车处于试验位置时才能插拔二次插头。

（2）手车离开试验位置后，在向工作位置推进的过程中和到达工作位置以后，不能拔开二次插头。

4. 接地开关与电缆室盖板间的联锁

只有当接地开关处于合闸状态时，开关柜的下门或电缆室的后封板才能打开；也只有在电缆室的后封板封闭时接地开关才可以分闸。

五、电抗器

（一）基本概念

导体通电时就会在其所占据的一定空间范围产生磁场，所有能载流的导体都有一般意义上的感性。实际的电抗器是由导线绕成螺线管形式，称空心电抗器；有时为了获得更大的电感，便在螺线管中插入铁芯，称铁芯电抗器。

（二）作用

根据电抗器的作用可分为串联电抗器和并联电抗器。

1. 串联电抗器

串联电抗器主要用来限制短路电流，当安装在电容器回路中时，在电容器投入时起限制合闸涌流并抑制谐波作用。串联电抗器包括限流电抗器、阻尼电抗器、滤波电抗器、消弧线圈、平波电抗器、分裂电抗器。

（1）限流电抗器：限流电抗器一般用于配电线路。限制馈线的短路电流，并维持母线残压，不致因馈线短路而致母线电压过低。

（2）阻尼电抗器：阻尼电抗器（通常也称串联电抗器）与电容器组或密集型电容器相串联，用以限制电容器的合闸涌流。

（3）滤波电抗器：滤波电抗器与滤波电容器串联组成谐振滤波器。直流输电线路的换流站、相控型静止补偿装置、中大型整流装置、电气化铁道，甚至于所有大功率晶闸管控制的电力电子电路都是谐波电流源，必须加以滤除，不让其进入系统。

（4）消弧线圈：消弧线圈广泛应用于电力系统不接地系统。提供电感电流，用于补偿电网发生单相接地电容电流，减少接地电流，快速熄灭电弧，减少产生弧光接地过电压，有效抑制过电压幅值，减少对电力系统及设备的破坏。

（5）平波电抗器：平波电抗器用于整流以后的直流回路中。用于抑制直流电流中的纹波，使输出的直流接近于理想直流。

（6）分裂电抗器：分裂电抗器在结构上和普通的电抗器没有大的区别。其作用是降低电压损失和限制短路电流。

2. 并联电抗器

并联电抗器按照电压等级分类一般可分为低压并联电抗器和高压并联电抗器。低压并联电抗器主要是指 10～66kV 电压等级的并联电抗器，主要作用是向电力系统补充感性无功功率，补偿输电线路容性电流，稳定系统电压。高压并联电抗器一般指 220kV 及以上电压等级母线或线路上并联的电抗器，主要作用有两个：①限制工频电压升高，降低容升效应。在线路一端或两端安装电抗器，用其电抗补偿线路电容，等效容抗减小。②限制潜供电流，在线路上安装并联电抗器，能够减小潜供电流的电容分量，保证单相重合闸成功。

（三）组成结构与功能

电抗器按结构一般分为空心电抗器和铁芯电抗器。

1. 空心电抗器

空心电抗器没有铁芯，主要由结构件、支柱绝缘子和绕组组成。只有绕组而无铁芯，磁路为非导磁体，因而磁阻很大，电感值很小。主要用于限制短路电流、无功补偿和移相。

2. 铁芯电抗器

铁芯电抗器主要由铁芯和绕组组成，一般分为干式铁芯电抗器和油浸式铁芯电抗器。干式铁芯并联电抗器主要是由铁芯和绕组组成，绕组通常采用浇注方式。油浸式铁芯电抗器与变压器结构类似。

六、电力电容器

（一）基本概念

任意两块金属导体，中间用绝缘介质隔开，即构成一个电容器。电容器电容的大小，由其几何尺寸和两极板间绝缘介质的特性来决定。当电容器在交流电压下使用时，常以其无功功率表示电容器的容量，单位为乏（var）。

（二）作用

电力电容器根据作用可分为并联电容器、串联电容器、耦合电容器、断路器电容器、直流和交流滤波电容器。

1. 并联电容器

由于电力系统中大多数设备为感性，因此需要电容器就地补偿系统中感性负荷所需要的无功，其作用如下：

（1）降低线路损耗，节约电能；

（2）减少线路压降，改善电压质量，提高系统稳定性；

（3）提高输电线路的送电能力，释放变压器的剩余变电容量；

（4）与并联电抗器结合使用，既可作为无功电源，也可作为无功负荷，起到双向调节无功功率和电压的作用。

2. 串联电容器

串联电容器用于输电线路无功补偿。降低线路电压降，加长了输电距离和输电能力，提高输电质量和系统的稳定性。

3. 耦合电容器

耦合电容器主要用于高压电力线路的高频通信，测量、控制、保护以及在抽取电能的装置中。

4. 断路器电容器

断路器电容器又称均压电容器，主要用于并联在超高压断路器的断口上起均压作用，使断路器各断口间的电压在开断过程中均匀分配，可改善断路器的灭弧特性，提高分断能力。

5. 直流和交流滤波电容器

直流滤波电容器用于高压直流装置和高压整流滤波装置中，起到滤除直流侧谐波的作用。交流滤波电容器可用以滤去工频电流中的高次谐波分量。

（三）组成结构与功能

1. 电力电容器外部结构

电力电容器外部结构主要由外壳和引出线套管组成。外壳的结构按照其材质的不同，可分为金属外壳和绝缘外壳两种。

2. 电力电容器内部结构

电力电容器的内部结构（即芯体结构）主要由若干个电容元件按照一定的设计要求，通过串、并联而组成。电容元件主要采用卷绕的形式，先将一定厚度及层数的介质与铝箔按设计的圈数卷绕后，再压成扁平状。

电力电容器内部的浸渍剂主要作用是填充固体绝缘介质的空隙，以提高介质的耐电强度，改善局部放电特性和增强散热冷却的能力。由于电容器绝缘介质的工作电场强度较高，同时冷却条件较差，因此对浸渍剂的技术性能，如介质损耗、电击穿强度和稳定性等要求很高。

七、电流互感器

（一）基本概念

电流互感器是一种电流变换装置，也称为变流器，用 TA 表示，利用电磁感应原理将较大的一次电流转换为可供测量、保护、控制等使用的标准二次电流。

（二）作用

（1）将一次回路的大电流变为二次回路标准的小电流（5A 或 1A），供测量、继电保护及自动装置使用。

（2）将二次设备与高压部分隔离，保护工作人员的安全。

（3）电流互感器二次侧均接地，可防止当一、二次绝缘损坏时，在二次设备上产生高压危险。

（三）组成结构与功能

电流互感器根据其结构和功能可以分为电磁式电流互感器、电子式电流互感器、光电式电流互感器。

1. 电磁式电流互感器

（1）结构组成。电流互感器为主要由铁芯、一次绕组、二次绕组、接线端子和绝缘支持物组成。

（2）电流互感器的工作特点。

1）一次绕组串联在所测量的一次回路中，并且匝数很少，一次绕组中的电流完全取决于被测回路的负荷电流，而与二次绕组电流大小无关。

2）二次绕组中的匝数很多，是一次绕组匝数的若干倍，二次绕组的电流完全取决于一次绕组电流。

3）电流互感器的二次回路中所串接的负载，是测量仪表和继电器的电流线圈，它们的阻抗都很小，因此电流互感器在正常工作时，二次侧接近于短路状态，这是与普通电力变压器的主要区别。

2. 电子式电流互感器

针对常规电磁式电流互感器在应用中出现的一系列问题，如铁芯饱和、二次开路等，电子式互感器则有效地避免了电磁式互感器的缺陷。

（1）结构组成。电子式电流互感器主要由传感部分、传输部分和输出部分组成。传感部分与一次设备连接，主要作用为采集流经一次设备的电流并将其转换为小电流；传输部分的主要作用是将采集到的电流信息经光缆或电缆传输到各保护、自动装置屏柜内；输出部分是将传输来的电流数字量或模拟量输出至保护、自动装置供其使用。

（2）工作原理。电子式电流互感器采用法拉第电磁感应原理，根据线圈的不同分为低功率铁芯线圈电流互感器（LPCT）和罗可夫斯基线圈电流互感器（RCT）。前者采用低功率铁芯线圈，仍存在磁饱和问题；后者采用空心线圈，无磁饱和问题。

（3）电子式互感器的主要优势。

1）高低压完全隔离，绝缘简单，安全性高。

2）没有因漏油而存在的易燃、易爆等危险。

3）不存在磁饱和、铁磁谐振等问题（LPCT 除外）。

4）频率响应宽，动态范围大，准确度高，可同时满足测量和继电保护的需要。

5）体积小，质量轻，节约占地面积。

6）无污染，无噪声，具有优越的环保性能。

7）不存在二次输出开路的危害。

8）数字信号分享更为容易，带负载能力强。

9）成本与电压等级的关系不大，电压等级越高，经济性越明显。

10）可方便地实现电流组合。

11）适应电力系统数字化、智能化和网络化的需要。

3. 光电式电流互感器

光电式电流互感器是以法拉第磁光效应为原理的互感器，光电式电流互感器为无源型互感器，即传感头部分不需要供电电源。该结构的优点是：完全消除了传统的电磁感应元件，无磁饱和问题，稳定性强，运行寿命长。缺点是：光学器件制造难度大，测量的高准确度难以做到。

八、电压互感器

（一）基本概念

电压互感器和变压器类似，是一种降压变压器，用 TV 表示。其作用是变换电压将不容易测量的一次高低压转换成可供控制、测量、继电保护等使用的二次标准电压。

（二）作用

（1）将一次回路的高电压变为二次回路标准的低电压（100V 或 100/3V 或 $100/\sqrt{3}$ V），供测量、继电保护及自动装置使用。

（2）将二次设备与高压部分隔离，保护工作人员的安全。

（三）组成结构与功能

电压互感器根据其结构和功能可以分为电磁式电压互感器、电容式电压互感器、电子式电压互感器、基于电光效应的电压互感器。

1. 电磁式电压互感器

电磁式电压互感器的基本结构与变压器相同，包括三部分，即铁芯、一次绕组、二次绕组。其工作原理、等效电路也与变压器相似。它与变压器的主要区别为：电压互感器的二次侧负荷主要是采集装置、仪表、保护及在自动装置的电压绕组等，它们的阻抗很大，通过的电流很小，近乎工作在开路状态；互感器二次额定容量很小。电磁式电压互感器准确度较高，但体积较大、造价高，伏安特性为非线性，容易发生铁磁谐振。

2. 电容式电压互感器

电容式电压互感器是利用电容器反比分压的原理工作的，除具备电磁式电压互感器的作用外，电容式电压互感器还可以兼作耦合电容器，与电力系统载波机相连，可作为高频载波通道。

电容式电压互感器由电容分压器和电磁单元组合而成。电容分压器由多节耦合电容器串联叠装而成，每节耦合电容器由瓷套和装在其中的若干串联电容器组成，瓷套内充满保持正

（4）双重化配置的线路和变压器保护应使用主、后备保护一体化的保护装置。双重化配置的保护装置宜采用不同原理、不同厂家的保护装置。

（5）智能终端的配置与一次间隔单元相对应，并根据保护的双重化配置选择双重化配置。变压器（电抗器）本体智能终端应集成非电量保护功能，采用单套配置。智能终端的双重化配置是指两套智能终端应与各自的保护一一对应。两套操作回路的跳闸硬接点开出应分别对应于断路器的两个跳闸线圈，合闸硬接点应并接至合闸线圈，双重化的智能终端跳闸线圈回路应保持完全独立，两套智能终端除重合闸相互闭锁外，不应有任何电气联系。

（6）合并单元的配置与一次间隔单元相对应，并根据保护的双重化配置选择双重化配置，确保整个间隔数字化系统局部故障不扩大故障范围。

（7）采用双重化 MMS 通信网络的情况下，双重化网络的 IP 地址分属不同网段，不同网段 IP 地址配置采用双访问点描述。

（五）变电站保护配置

变电站保护主要包括变压器保护、母线保护、线路保护、断路器保护、电容器保护、电抗器保护。

1. 变压器保护

（1）变压器主保护。

1）重瓦斯保护：反应变压器内部变压器油流速过高，针对油箱内的各种故障及油面降低而配置的保护。优点是油箱内部所有故障,有较高灵敏性。缺点是动作时间较长，不能反应油箱外部的故障，抗外界干扰性能差。

2）纵联差动保护：能够反应变压器外部各种类型的故障和变压器内部大部分故障（除轻微匝间短路外）。

（2）变压器后备保护。

1）外部相间短路的后备保护：电流速断保护、过电流保护、复合电压闭锁的过电流保护、阻抗保护。

2）外部接地短路的后备保护：零序电流保护。

3）过负荷保护：反应于变压器各侧过负荷，一般作用于信号。

4）过励磁保护：反应于电压升高或频率降低。

5）其他非电气量保护：轻瓦斯保护（反映油箱内部变压器油流速高）、油温高保护、绕温高保护、压力突变保护、压力释放保护、冷却器全停保护等。

2. 母线保护

（1）母线主保护：差动保护。针对不同母线接线方式，保护配置类型有所不同。例如，双母线接线方式的差动保护分为大差动保护和小差动保护，其余接线方式不区分大差动保护和小差动保护。

（2）母线后备保护：一般均为变压器相应侧的后备保护。

3. 线路保护

（1）线路主保护。线路主保护为纵联差动保护。

（2）线路后备保护。

1）线路近后备保护：距离三段式保护（包括接地和相间距离）、三段式零序电流保护、过电压保护、远跳保护。

2）线路远后备保护：主变后备保护、相邻线路的第三段保护。

4. 断路器保护

断路器保护分为失灵保护、死区保护、充电过电流保护、三相不一致保护（非全相保护）、短引线保护和重合闸。

5. 并联电抗器保护

并联电抗器主要包括差动速断保护，比率差动保护，过电流Ⅰ、Ⅱ段保护，零序过电流Ⅰ、Ⅱ段保护，过负荷保护。

6. 并联电容器保护

并联电容器主要包括过电流Ⅰ、Ⅱ段保护，零序过电流Ⅰ、Ⅱ段保护，过电压保护，低电压保护，不平衡电流保护。

（六）保护基本原理、保护范围和出口结果

各类保护的基本原理、保护范围和出口结果见表 1-2。

表 1-2　　保护基本原理、保护范围和出口结果

保护名称	基本原理	保护范围	出口结果
差动保护	流入与流出保护装置电流是否相等，不相等时（0）延时动作于跳闸	线路全长或变压器各侧	跳闸
电流速断保护（过电流Ⅰ段保护）	根据设备短路后电流急剧增大的特点，0 延时动作于跳闸	线路全长的 20%左右，有时无法整定出有效距离或变压器单侧	跳闸
限时电流速断保护（过电流Ⅱ段保护）	根据设备短路后电流急剧增大的特点，短延时动作于跳闸	线路全长并延伸到下一线路出口或变压器单侧	跳闸
定时限过电流保护（过电流Ⅲ段保护）	根据设备短路后电流急剧增大的特点，短延时动作于跳闸，常用于过电流Ⅰ段保护或过电流Ⅱ段保护的后备保护	线路全长并延伸到下下一线路出口或变压器单侧	跳闸
反时限过电流保护	根据设备短路后电流急剧增大的特点延时动作于跳闸，短路电流越大，延时越短	常用于电动机等设备	跳闸
不平衡电流保护	差动保护的一种，常用于 H 形接线的电容器组保护	H 形接线的电容器组	跳闸
过负荷保护	过电流保护的一种，反应于负荷电流超过允许	线路或变压器	告警或跳闸
距离保护Ⅰ段保护	根据设备短路后电流增大，电压减小，即阻抗减小的特点，0 延时动作于跳闸	线路全长的 85%左右，或变压器单侧	跳闸
距离保护Ⅱ段保护	根据设备短路后电流增大，电压减小，即阻抗减小的特点，短延时动作于跳闸	线路全长并延伸到下一线路出口或变压器单侧	跳闸

续表

保护名称	基本原理	保护范围	出口结果
距离保护Ⅲ段保护	根据设备短路后电流增大，电压减小，即阻抗减小的特点，短延时动作于跳闸，常用于距离Ⅰ段保护或距离Ⅱ段保护的后备保护	线路全长并延伸到下下一线路出口或变压器单侧	跳闸
过电压保护	反应外部过电压和内部过电压	线路全长	跳闸
低电压保护	反应系统电压过低	常用于电容器组保护	跳闸
失灵保护	用于隔离拒动断路器的一种保护	断路器	跳闸
远跳/远传保护	断路器拒动或系统过电压后及时跳开对侧断路器的保护	线路	跳闸
死区保护	死区内发生故障，用于跳开死区相邻断路器的保护	死区	跳闸
三相不一致保护	用于反应分相操作的断路器三相位置不一致的保护	断路器	跳闸
充电过电流保护	过电流保护的一种，用于设备投运时短路故障的快速跳闸	线路或母线或变压器	跳闸
重合闸	线路故障跳闸后经延时重新合上跳闸断路器，恢复线路运行的保护	线路	重合、闭锁或再次跳开断路器
重瓦斯保护	反应充油设备内部绝缘油流速过快的一种非电量保护	大型充油设备，如变压器、电抗器等	跳闸
轻瓦斯保护	反应充油设备内部绝缘油流量过大的一种非电气量保护	大型充油设备，如变压器、电抗器等	告警
过励磁保护	反应励磁设备电压过高或频率过低的一种保护	励磁设备，如变压器、发电机等	告警或延时跳闸
压力突变/释放保护	反应充油设备内部压力达到定值或压力增速过快的一种保护	大型充油设备，如变压器、电抗器等	跳闸或告警

二、安全自动控制装置

（一）基本概念

1. 稳定性的定义

IEEE/CIGRE 稳定定义联合工作组给出的新的电力系统稳定定义和分类中，将电力系统的稳定性分为功角稳定性、频率稳定性和电压稳定性三大类，具体如图 1-1 所示。

我国的《电力系统安全稳定导则》将电力系统的稳定分为静态安全、静态（功角）稳定、暂态稳定、动态稳定、电压稳定、频率稳定。

为了分析方便，可以将电力系统运行状态分为正常状态、警戒状态、紧急状态、极端紧急（失步）状态、恢复状态。对应上述状态，设置了三道防线：

第一道防线是基于合理的电网结构、快速的继电保护、有效的预防性控制，确保电网在发生常见的单故障时，能保持电网稳定运行和正常供电，不损失电源和负荷；

第二道防线是采用稳控装置及切机、切负荷等措施，确保电网在发生概率较低的严重故障时继续稳定运行，但允许损失部分负荷；

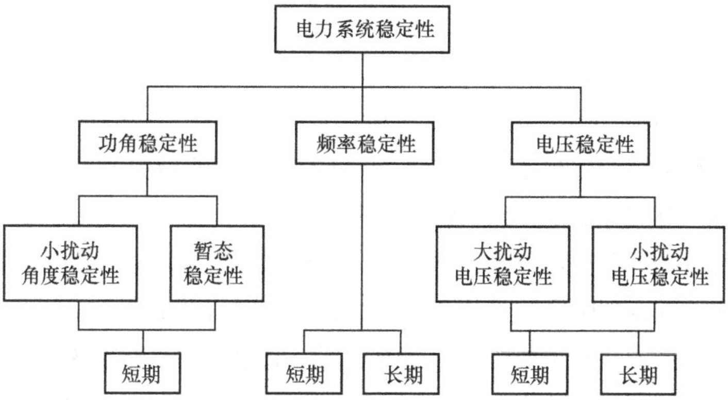

图 1-1　电力系统稳定性分类

第三道防线是设置失步解列、频率及电压紧急控制装置，当电网遇到概率很低的多重严重事故而稳定破坏时，依靠这些装置防止事故扩大、防止大面积停电，并尽量减少负荷损失。

2. 稳定控制

合理的电网结构及快速的继电保护是保证电力系统安全稳定运行的基础，应配备性能完善的继电保护系统，并根据电网具体情况设置安全稳定控制装置和相应的措施，组成一个完备的电网安全防御体系。

（1）正常状态（含警戒状态）下的安全稳定控制为预防性控制。系统预防性控制主要包括发电机有功功率与无功功率的调整、发电机励磁附加控制、并联和串联电容补偿控制高压直流输电（HVDC）功率调制限制负荷等，可通过联络线功率监视、功角监视、在线潮流与稳定分析给出的安全稳定裕度（包括电压稳定的裕度）及对策，由调度员或自动装置进行控制。

（2）紧急状态下的安全稳定控制。为保证电力系统承受第Ⅱ类大扰动时的安全稳定要求，应由防止稳定破坏和参数严重越限的紧急控制装置构成保证电力系统安全稳定运行的第二道防线。这种情况下常用的措施有切机、切负荷、解列联络线、HVDC 功率快速调制；此外机组快减出力、快控汽门、动态电阻制动、串联或并联电容强行补偿等也有应用。

紧急控制装置主要包括（暂态）稳定控制装置或系统、消除设备过负荷的紧急控制装置。

（3）失步状态下的安全稳定控制。为保证电力系统承受第Ⅲ类大扰动时的安全要求，应配备防止事故扩大、避免系统崩溃的安全自动装置，如失步解列装置、再同步控制装置，低频减载、低频解列联络线、过频切机装置，低压减载、低压解列联络线装置等；同时，要求继电保护装置（尤其线路和机组保护）在系统振荡时绝不误动作，防止线路及机组的连锁跳闸，以实现保证电力系统安全稳定运行的第三道防线的安全。

（4）系统停电后的恢复控制。电力系统由于严重扰动引起部分停电或事故扩大引起大范围停电时，为使系统恢复正常运行和供电，各区域系统应配备必要的全停后启动措施，

失步判据，不同安装点解列装置动作的配合方法，防止各种情况下误动作的闭锁措施。失步解列装置的不正确动作将带来严重的后果。

根据需要，在同一电网内一般设有多个解列点，这些点安装的失步解列装置的动作就必须从全网角度进行协调，系统失步后尽快解列失步断面的联络线。

6. 线路或主变过负荷控制

线路或变压器等设备允许长时间流过的电流值称为安全电流，如果线路或变压器发生突然过负荷，应采取紧急控制措施迅速消除，确保设备安全，防止引发连锁反应。

四、测控装置

（一）基本概念

测控装置包括两大功能：一是测量，保证有足够的准确度和对变化量的实时反映。二是控制调节，接收远方或就地的命令进行调节控制，也可根据装置设定的逻辑编程进行调节控制。

测控装置主要可以实现“四遥”功能，即遥测（YC）、遥信（YX）、遥控（YK）和遥调（YT）。

（二）作用

采集各发电厂、变电站中各种表征电力系统运行状态的实时信息，并根据运行需要将有关信息通过信息传输通道传送到调度中心，同时也接受调度端发来的控制命令，并执行相应的操作。

（三）组成结构与功能

为了减少系统的负担，目前测控装置与系统的联系由数据通信来完成。这样减少了系统的负担，还大量地减少了现场至控制室之间的电缆。主机负责系统管理、决策、统计等任务，而测控装置负责测控及将采集的数据上送主机。测控装置虽然要接受主机的控制，但它的测控任务是独立完成的。这就是自动化系统的“分散监控、集中管理”基本模式。

1. 测控装置组成结构

测控单元以功能来划分，可分为集中式测控单元、独立综合式测控单元。集中式测控单元可实现数据采集或控制的某一个单一功能，例如遥测单元、遥控单元。独立综合式测控单元能实现各类信号的测量、控制功能。

2. 测控装置采集的遥测量信息

电力系统运行中需要采集的数据量较大，且具有不同特征，一般将测控装置采集的遥测量信息分为四类，即模拟量、开关量、数字量和脉冲量。

（1）模拟量。模拟量是指时间和幅值均连续变化的信号，是连续时间变量 t 的函数。电力系统需要采集的信息量大，且具有不同的特征，可把它们分成电气量（交流电压、交流电流、有功功率、无功功率、直流电压等）和非电气量（温度、气体、压力、水位等）。

（2）开关量。开关量是指随时间离散变化的信号，主要反映设备的工作状况，包括断路器、隔离开关、保护继电器的触点及其他开关的状态。

（3）数字量。数字量是指时间和幅值均是离散的信号，包括 BCD 码仪表及其他数字仪表的测量值，并行和串行输入/输出的数据等。

（4）脉冲量。脉冲量是指随时间推移周期性出现短暂起伏的信号，包括系统频率转换的脉冲及脉冲电能表发出的脉冲等。

3．遥信量信息采集系统

开关量信息采集的硬件系统由输入通道、输出通道和微机组成。开关量输入通道的基本功能是将需要的状态信号引入微机系统，如输电线路断路器状态、继电保护信号等。输出通道主要是显示、控制或调节 CPU 送出的数字信号，如断路器跳闸命令、报警信号等。

4．事件顺序记录

事件顺序记录系统是根据数据量输入电平变化的记录时间来判断被监控设备开关动作的时序，主要用于事故的事后分析，查找事故第一原因。

事件顺序记录的时间就是发现开关变位的时间。以扫查方式采集变位开关时，对开关状态按组逐一进行扫查。扫查到某一组有开关变位时，记下开关的序号和实时时间即事件顺序记录时间。

五、远动装置

（一）基本概念

远动技术是一门综合性的应用技术，它的基本原理包括数据传输原理、编码理论、信号转换技术原理、计算机原理等。远动技术是调度管理和现代科技的产物，因此它随着科学技术，特别是计算机技术的迅速发展而不断更新换代。

远动系统是指对广阔地区的生产过程进行监视和控制的系统，它包括设备必需的过程信息的采集、处理、传输、显示、执行等功能。构成远动系统的设备包括厂站端远动装置、调度端远动装置和远动信道。

（二）作用

（1）数据采集：采集状态量、数字量、脉冲计数值、模拟量。

（2）执行命令：调度中心可以根据需要对电力系统设备进行遥控和遥调。

（3）数据通信：调度中心通过远动设备获得远方的电力系统设备的运行状态和设备的遥测量及遥信量。

（三）组成结构与功能

调度自动化系统的远动系统由远动主站、远方终端 RTU 和远动信道组成。

1．规约

规约是为了保证通信双方能正确、可靠进行数据传输而制定的格式和约定。变电站继电保护采用 IEC 103 规约，接口主要为 EIA-RS485。远动系统采用 IEC 101 规约，接口主要为 EIA-RS232，主要有循环式通信规约（CDT）和问答式通信。

（1）循环式通信规约。循环式通信规约（CDT）一般适用于点对点的通道结构，它以厂站端为主动方，厂站端远动信息连续不断地送往主站，厂站端的重要信息能及时插入传送，主站只发送遥控、遥调等命令。采用循环式远动通信规约在通道上连续传送信息，如果某一次传送没有成功，可在下一次传送中得到补偿，信息刷新周期短，因而对通道的质量要求不是很高，通信控制的实现也比较简单。但由于始终占用通道，通道的使用效率不是很高。

（2）问答式规约。问答式通信规约（POLLING）适用于点对点、多个点对点，多点共线，多点环形或多点星形的远动系统。通道可以是双工或半双工，信息传输为异步方式。POLLING 规约以主站为主动方，RTU 一般只在主站询问时才向主站发送回答信息。主站按规约要求向各个 RTU 发出各种询问报文，RTU 按照接收到的报文要求组织数据，报告 RTU 的运行状态或者输出控制及调节信号，并向主站回答相应的报文。

2. *远动信息的编码*

远动信息的编码采用循环式（部颁）方式，以帧为单位（帧长度可变）。帧由各类字组成，包括信息字、控制字等。信息字由 6 个字节组成（48bit），固定长度。信息字以报文为单位传输。

3. *数据传输方式*

同步通信是串行通信的一种方式，以同步字符作为传送开始，字符之间不允许有空隙，线路空闲时发同步字符。但是两端频率有一定误差，造成码元相位差，累积后可能造成错位，导致失步。

现场运行的远动系统有些采用异步通信方式传送远动信息，即只采用位同步。

第三节 智能变电站简介

智能变电站是指采用可靠、经济、集成、节能、环保的设备与设计，以全站信息数字化、通信平台网络化、信息共享标准化、系统功能集成化、结构设计紧凑化、高压设备智能化和运行状态可视化等为基本要求，能够支持电网实时在线分析和控制决策，进而提高整个电网运行可靠性及经济性的变电站。

一、智能变电站的特点

智能变电站的突出特征在于涵盖发电、输电、变电、配电、用电、调度和信息通信等领域，主要体现在一、二次设备和通信网络技术上。简而言之，智能变电站的特征为一次设备数字化、二次设备网络化、数据平台标准化。

一次设备数字化是从数据源头将其数字化，主要体现在利用智能化的电气测量系统，如光电互感器或电子互感器，将电流、电压的模拟量转化为全数字输出的形式，实现了电气量数据采集的信息化应用，将常规变电站的装置冗余转变为智能站的信息冗余，为智能电网的建设打下了基础。

二次设备网络化是利用高速网络通信，将二次设备对上对下的信息整合起来，实现了网络通信、信息共享，打破了常规站监视、控制、保护、录波、测量、计量等二次设备功能单一、相互独立的封闭模式，将变电站原来分散的二次设备整合成信息集成、功能优化、布置集中的智能化设备。

数据平台标准化即以 IEC 61850 为标准的通信规约的建立，该规约对一、二次设备统一建模，定义了统一的建模语言、设备模型、信息模型和信息交换模型，使用全局统一的命名规则，使变电站内及变电站与控制中心之间实现无缝通信和信息共享。打破了不同设备、不同厂家之间的信息交流壁垒，消除了信息孤岛，实现了设备的互联、开放，从而简化了系统维护、配置、扩展，使工程应用变得规范、统一和透明。

二、智能变电站三层两网

智能变电站一次设备数字化、二次设备网络化、数据平台标准化的特征中，后两者做得较好，网络化的二次设备和标准化的数据平台使得智能站和常规站相比节省了大量的二次电缆，二次设备的硬连接片也只剩下遥控连接片、检修连接片，其余均以软连接片代替。

IEC 61850 按照变电站自动化系统所要完成的控制、监视、保护三大功能，提出了变电站内按功能分层的概念，从逻辑上将变电站功能划分为过程层、间隔层和站控层，并以过程层网络（GOOSE 网，SV 网）和站控层网络（MMS 网）将其联系起来，即所谓“三层两网”结构，如图 1-2 所示。

（1）过程层是一次设备与二次设备的结合面，既包括直接参与电力系统负荷传输的一次设备，如变压器、断路器、隔离开关、电流/电压互感器，也包括对一次设备起到控制作用的设备及其附属设备，如智能终端、合并单元、智能组件等。

（2）间隔层的功能是利用本间隔的数据对本间隔的一次设备产生作用，即汇总本间隔过程层实时数据信息，实现对一次设备的保护控制、本间隔的操作闭锁、操作同期及其他控制功能，控制数据采集，统计计算控制命令的优先级，同时高速完成与过程层及站控层的网络通信。间隔层设备一般是指继电保护装置、测控装置、部分安全自动装置等二次设备。

（3）站控层主要通过两级高速网络汇总全站的实时信息，实现面向全站的监视、控制、告警和信息交互功能，完成信息采集和监控、操作闭锁及同步向量采集、电能量采集、保护信息管理等相关功能。站控层主要包括自动化站级监视控制系统、站域控制、通信系统、对时系统等。

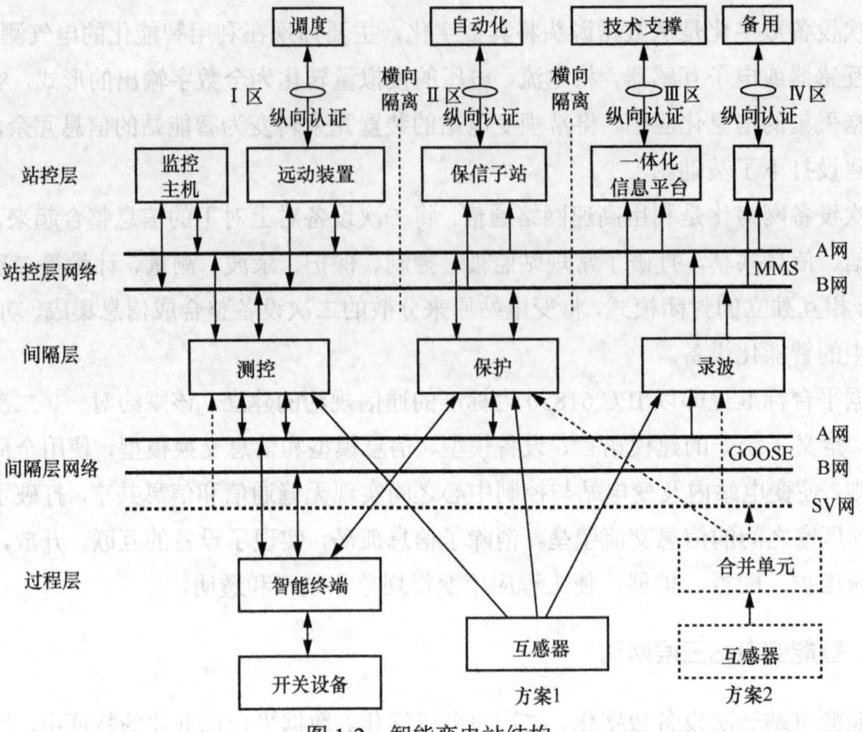

图 1-2　智能变电站结构

三、智能变电站主要智能化设备

合并单元和智能终端是智能变电站中的重要组成部分，它们的作用至关重要。智能变电站合并单元主要用于合并变电站中的各种信号和数据，实现变电站的自动化控制和智能化管理；智能终端主要用于实现变电站中各种设备的智能化控制和管理。

（一）合并单元

合并单元是互感器与二次设备接口的关键装置。电流/电压互感器的模拟量需通过二次转换器进入合并单元，一台合并单元汇集或合并多个互感器的数据，将电流/电压的瞬时值以特定的格式和确定的数据品质传输给保护、测控装置。它负责向过程层和间隔层的相关设备发送采样数据，是过程层互感器的数据源。

1．合并单元工作原理

合并单元的交流模件从互感器采集模拟量信号，对一次互感器传输的电气量进行合并和同步处理。母线合并单元称为一级合并单元，间隔合并单元称为二级合并单元。二级合并单元接收一级合并单元级联的数字量采样，再通过插值法对模拟量信号和数字量信号进行同步处理。同步处理的作用是消除模拟量采样与数字量采样之间的延时误差，从而消除相位误差。

对于需要做电压并列和切换的合并单元，需采集开关量信号（断路器、隔离开关位置）。装置完成并列、切换功能后，将采样数据以 IEC 61850-9-2 或 IEC 60044-7/8 规约格式输出。

在组网模式下，为了使不同合并单元的采样数据能够同步，还需接入同步信号。

2．合并单元检修机制

合并单元检修连接片投入时，该合并单元发送的所有数据通道置检修；按间隔配置的合并单元母线电压来自母线合并单元，仅母线合并单元置检修时，母线合并单元数据置检修位。合并单元断路器、隔离开关位置信息取自GOOSE报文时，若GOOSE报文置检修，合并单元未置检修或合并单元置检修而GOOSE报文未置检修，则合并单元不使用该GOOSE报文中断路器、隔离开关的位置，而是保持其原状态。只有当GOOSE报文与合并单元均置检修时，合并单元才使用该GOOSE报文中断路器、隔离开关的位置。

（二）智能终端

智能终端是智能变电站特有的智能装置，与一次设备通过电缆连接，与二次设备通过光纤连接，是保护、测控、录波等二次设备对一次设备信息采集、控制、调节的关键设备，是其他智能设备或组件与传统断路器连接的纽带。

1．智能终端的功能

（1）开关量和模拟量采集功能。智能终端可将断路器、隔离开关的位置信息和温度、压力等非电量信息转换成光数字信息，通过网络上传至间隔层或站控层设备供其使用。

（2）断路器操作箱功能。智能终端取代了传统断路器的操作箱，具有压力检测回路、出口跳闸回路、防跳跃回路，能够接收并执行继电保护和自动装置的跳合闸信息，同时能够在断路器操作回路异常、压力异常时反应并报警。

（3）控制功能。智能终端是测控装置遥控命令执行机构，能执行对断路器、隔离开关及变压器挡位调节机构的遥控。同时智能终端也是间隔层防误闭锁功能的执行机构，能根据测控装置防误逻辑输出，开放或闭锁隔离开关、接地开关等一次设备的操作回路。

（4）具有通道监测功能。能对收信通道的设备及其运行状态和数据完好性进行监测，并在异常时报警。智能终端还具有GOOSE命令记录功能、对时功能等。

2．智能终端工作原理

智能终端通过开关量采集模块采集断路器、隔离开关、变压器等设备的信号量，通过模拟量小信号采集模块采集环境温湿度等直流模拟量信号。这些信号经处理后，以GOOSE报文形式输出。

智能终端还接收间隔层发来的GOOSE命令，这些命令包括保护跳合闸、闭锁重合闸、遥控开关/刀闸、遥控复归等。装置在接收到命令后执行相应操作。同时智能终端还具备操作箱功能，支持就地手动的开关操作。

3．智能终端配置

智能终端的配置与一次间隔单元相对应，并根据保护的双重化配置选择双重化配置。本体智能终端应集成非电气量保护功能，单套配置。智能终端的双重化配置是指两套智能终端应与两套各自的保护一一对应，两套操作回路的跳闸硬接点开出应分别对应于断路器的两个跳闸线圈。合闸硬接点应并接至合闸线圈，双重化的智能终端跳闸线圈回路应保持完全独立。两套智能终端除重合闸相互闭锁外，不应有任何电气联系。

四、智能变电站通信服务

智能站信息传输途径有点对点与组网传输两种方式，前者通过光纤直连，将保护电压电流、跳合闸命令或一次设备状态等信息传递至相应的智能设备；后者则通过过程层交换机，将信息通过 GOOSE/SV 网络传递。而 MMS 是一种应用层协议，方便地实现了不同制造商设备之间的互操作性，使系统集成变得简单、方便。

（一）SV 通信服务

IEC 61850 中提供了采样测量值（Sampled Measured Value，SMV）相关模型对象和服务，一般也称为 SV（Sampled Value）。它基于发布者/订阅者机制，是过程层和间隔层设备之间通信的重要组成部分。在智能变电站应用 SV 可以简单地理解为用于实现电流、电压采样功能。

当合并单元装置的检修连接片投入时，发送采样值报文中采样值数据的品质 q 的 test 位置 true。SV 接收装置将接收到的 SV 报文中的 test 位与装置自身的检修连接片进行状态比较，只有两者一致时才将该信号用于保护逻辑，否则按相关通道采样异常处理。对于多路 SV 输入保护装置，一个 SV 接收连接片退出时会退出该回路采样值，该 SV 中断或检修均不影响本装置运行。

（二）GOOSE 通信服务

面向通用对象的变电站事件（Generic Object Oriented Substation Event，GOOSE）是 IEC 61850 标准的重要特点，基于发布者/订阅者机制，主要用于多个 IED 之间的信息传递，具有高传输成功率。在智能变电站应用 GOOSE 可以简单地理解为实现开入开出功能。

GOOSE 报文在智能变电站中主要用于传输以下实时数据：

（1）保护的跳合闸命令。

（2）测控装置的遥控命令。

（3）保护装置间的信息（启动失灵、闭锁重合闸、远跳等）。

（4）一次设备的遥信信号（断路器、隔离开关位置及压力等）。

（5）间隔层的联闭锁信息。

在工程应用中，GOOSE 报文优先级按照从高到低的顺序定义如下：

（1）最高级。电气量保护跳闸、非电气量保护跳闸及保护闭锁。

（2）次高级。非电气量保护信号、遥控分合闸及断路器位置信号。

（3）普通级。隔离开关位置信号、一次设备状态信号。

（三）MMS 通信服务

制造报文规范（Manufacturing Message Specification，MMS）是一套应用于工业控制系统的通信协议，它规范了工业领域具有通信能力的智能传感器、智能电子设备、智能控制设备的通信行为，使出自不同制造商的设备之间具有互操作性。

MMS 报文主要用于站控层和间隔层之间的客户端/服务器端服务通信，传输带时标的信号（SOE）、测量量、文件、定值、控制等总传输时间要求不高的信息。

第四节　变电站辅助设备

变电站辅助设备是指除一、二次设备之外的，为保护变电站人员和设备安全或提供生产、生活便利的一类设备。辅助设备虽然并不直接参与电力的生产与控制，但对于变电站的正常运行是非常重要的。

一、一体化电源系统

（一）基本概念

一体化电源系统包含交流电源子系统、直流电源子系统、UPS 电源子系统、事故照明子系统。采用一体化设计、一体化配置、一体化监控，运行工况和信息数据能通过一体化监控单元展示并以标准数据格式接入自动化系统。

（二）作用

（1）交流电源的进线来自站用变压器或自备发电设备，主要功能是将变压器的输出电能合理分配给各用电负荷。负荷主要是三相 380V 和单相 220V 的交流用电设备，如站内照明、空调、生活设施以及直流电源和 UPS 等。

（2）直流电源的输入来自交流电源，主要功能是将交流电转换为直流电（额定电压 220V 或 110V），为电池组充电，同时为变电站的控制、保护、信号、高压断路器操动机构和事故照明等负荷提供直流供电。

（3）UPS 电源的交流输入来自交流电源，直流输入来自直流电源，主要功能是为站内重要的交流用电设备（后台机、服务器等）提供不间断的交流供电。

（4）逆变电源（INV）的输入来自直流电源，主要功能是为变电站的照明设备等提供交流供电。

（三）结构组成工作原理

1．一体化电源监控系统

以某型号一体化电源系统为例，交直流一体化电源系统的总监控装置，对下通过 RS485 串口与直流操作电源系统、交流控制电源系统、交流不间断电源系统、通信电源系统的监控装置进行实时通信，实现遥信、遥测数据的采集，通过图形界面以直观的形式显示，同时可将数据按照 IEC 61850 规约通过以太网上传至站控层后台。

2．站用电系统

一般常用站用电系统接线如图 1-3 所示。三台站用变分别为 0 号、1 号、2 号站用变，其中 0 号站用变为外接站用变，分别经 401、402 联络断路器供全站的低压负荷（400V）。401 断路器带 400V Ⅰ段母线，402 断路器带 400V Ⅱ段母线。外接 0 号站用变，带 400V Ⅲ段母线。正常情况下 403、404 断路器运行，1ATS、2ATS 方式开关为“自动”，运行在“主投”（A 路）方式。

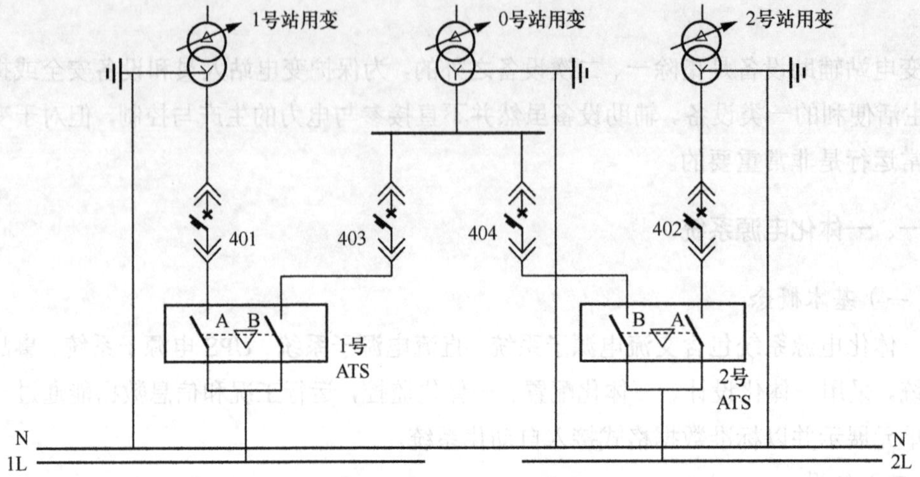

图 1-3　站用电系统接线图

当 1 号站用变失电时，备自投 1ATS 动作跳开 401 断路器，合上 403 断路器，400V Ⅰ段母线负荷由 0 号站用变承担。当 1 号站用变恢复供电时，备自投 1ATS 动作跳开 403 断路器，合上 401 断路器，恢复 1 号站用变主用方式。

2 号站用变失电后备自投动作逻辑与 1 号站用变类似。

3. *直流电源*

（1）直流电源组成。一般常用直流系统配有两电两充、两电三充，以两电三充为例，即两组蓄电池、三台充电机，并有联络屏、馈线屏、直流分配屏、户外直流控制分配柜、户外直流控制/动力分配柜、事故照明，并配有直流监控装置和绝缘监测装置。直流电源接线图如图 1-4 所示。

当 1 号站用变失电时，1 号 ATS 动作，自动切换至 B 位，由 0 号站用变供 400V Ⅰ段母线负荷，当 1 号站用变恢复供电后，1 号 ATS 动作，自动切换至 A 位，400V Ⅰ段负荷恢复至 1 号站用变供电。

当 2 号站用变失电后，2 号 ATS 自己动切换，同 1 号站用变失电类似。

当 1 号及 2 号站用变同时失电时，则 1 号 ATS 及 2 号 ATS 同时动作，都自动切换至 B 位，400V Ⅰ段及Ⅱ段都由 0 号站用变供电。当 1 号（或 2 号）站用变恢复供电后，则 1 号 ATS（或 2 号 ATS）站用变恢复供电。

1）充电装置是将交流电变换为直流电，一方面给电池充电，另一方面为负荷供电，额定输出电压一般为 220/110V。充电装置是直流系统中最为关键的设备，直接关系着直流系统的技术指标及运行稳定性。

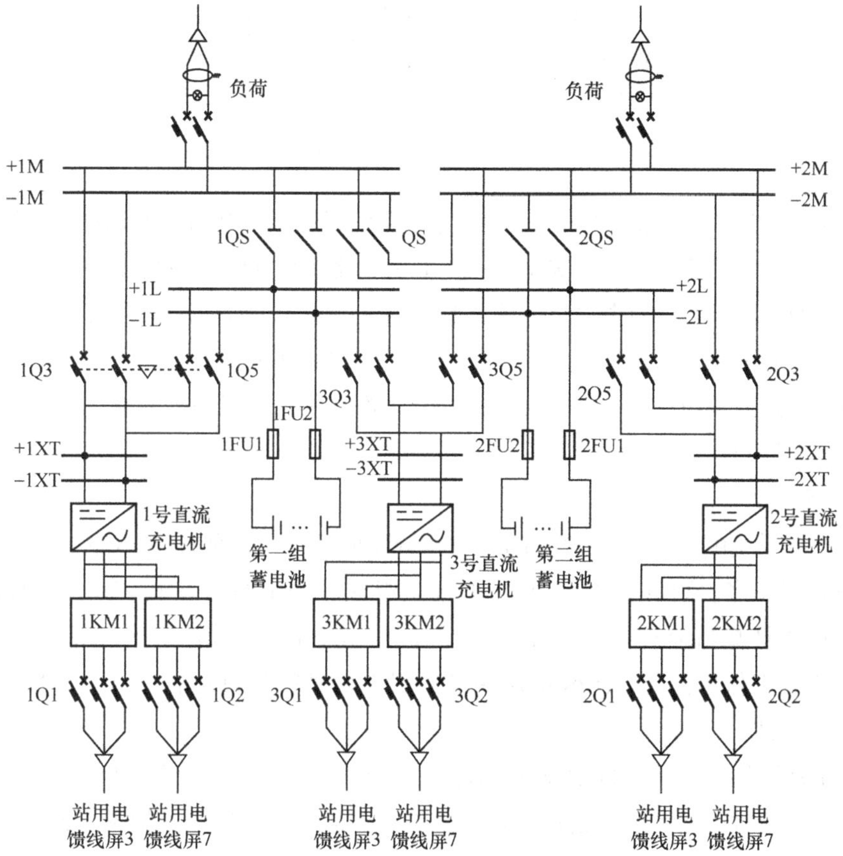

图 1-4　直流电源接线图

2）蓄电池组的作用是为合闸机构提供所需的瞬间大电流；在交流停电时，为负荷供电。

3）降压装置的作用是接于合闸母线和控制母线之间，用于精确调整控制母线电压维持在稳定值。

4）监控组件是采集整个直流系统的信息，进行相应的控制，实现对蓄电池的自动管理。它主要包括绝缘检测仪、在线监控装置、电池巡检单元等。

（2）直流蓄电池组。蓄电池是储存直流电能的一种设备，它能把电能转变为化学能储存起来（充电）；使用时再把化学能转变为电能（放电），供给直流负荷。这种能量的变换过程是可逆的。目前较常用的为阀控式铅酸蓄电池。

4．事故照明

事故照明切换屏内配置有数字逆变电源装置，为全站事故照明系统供电，如图 1-5 所示。

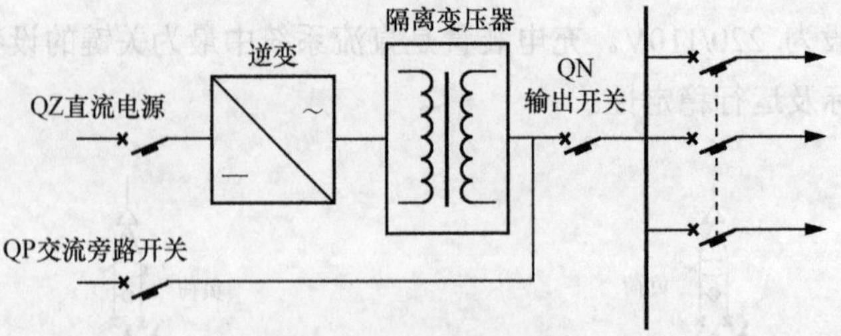

图 1-5　事故照明接线图

正常工作情况下，交流市电经整流后变为直流，该直流电经逆变转换为高质量的交流电向负荷供电。若交流市电输入失电时，自动由直流系统向输入逆变器无间断供电，交流市电输入恢复时，自动转为交流市电输入整流后逆变供电。若交流旁路输入正常但逆变故障时，则自动通过输出切换开关将负荷切向旁路供电，其中切换时间小于 4ms。等故障排除后又恢复至逆变供电。由于该装置具有交流旁路输入相位跟踪的功能，所以能实现交流不间断的连续输出。

5．UPS电源

UPS 电源系统由 UPS 电源屏、UPS 电源分配屏组成。每面 UPS 电源屏均有 1 台交流监控切换装置和多台可并机型 UPS 电源模块组成。采用站用直流 220V 作为其逆变电源，主要用于计算机监控系统各主机、工作站、GPS、控制屏、接口屏、公用屏、消防屏等的交流工作电源等。UPS 电源系统一般有两种接线盒运行方式，一种是主从式，另一种是分列式。

（1）主从运行方式：一台 UPS 正常输出，为负荷供电；另一台 UPS 作为备用模块，当主机发生故障时，切换装置自动切换到从机，由从机进行供电，如图 1-6 所示。

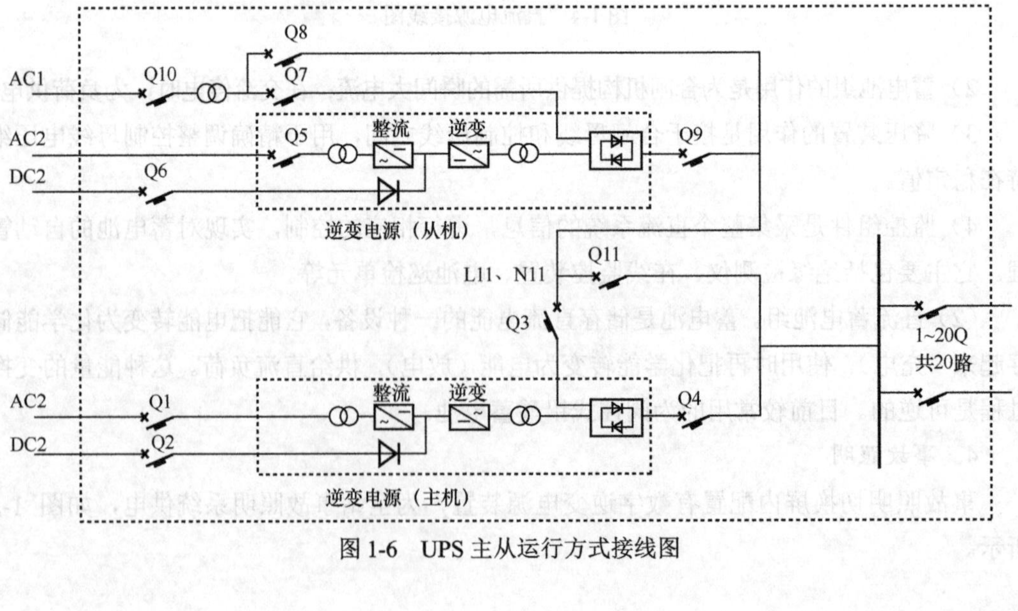

图 1-6　UPS 主从运行方式接线图

（2）分列运行方式：两台 UPS 独立同时工作，各带一段负荷，同时通过母联开关互为备用。平时母联开关必须保持断开状态，当一台 UPS 或其组件因故障或检修退出运行时，可手动合上母联开关，保证两段负荷的供电，如图 1-7 所示。

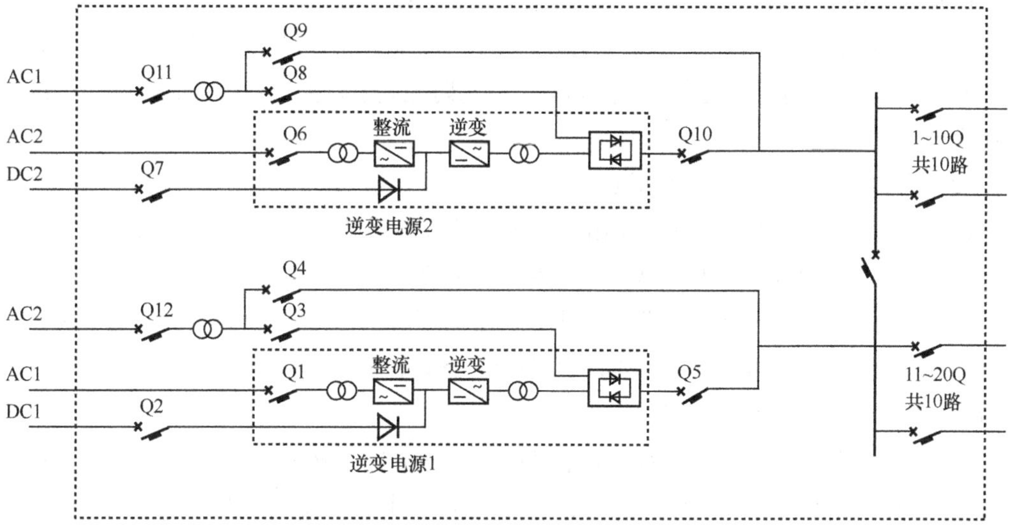

图 1-7 分列运行方式接线图

二、变电站消防系统

（一）基本概念

变电站消防系统是为变压器等充油设备火灾、电缆等带电设备火灾和主控楼等办公和生活场所火灾提供火情预警和灭火救援的设备设施，可分为火灾自动报警系统、灭火系统和防火封堵等几部分内容。

（二）作用

（1）火灾自动报警系统是用于尽早探测初期火灾并发出警报，以便采取相应措施（如疏散人员、呼叫消防队、启动灭火系统、操作防火门、防火卷帘、防烟、排烟风机等）的系统。

（2）灭火系统是在发生火灾时能按照预先设定的逻辑自动进行灭火的设备。

（3）防火封堵是将不同防火分区之间的孔洞、缝隙采用不燃材料封堵，防止火势蔓延的措施。

（三）组成结构与功能

1. 火灾自动报警系统

火灾报警控制器是火灾自动报警系统的核心处理部件，采用两总线制接线方式，可连接各探测器，定时对信号组件上各部件状态进行自动巡回检测，从而实现火灾报警，并可通过输入模块、输出模块进行联动控制。火灾报警系统可实现就地及远程报警和就地控制。

（1）火灾自动报警系统分类。火灾自动报警系统一般分为区域报警系统、集中报警系统和控制中心报警系统。变电站主要采用集中报警系统。集中报警控制系统应设有一台集中报警控制器（或通用报警控制器）和两台以上区域报警控制器（或声光报警功能的楼层显示器）。根据管理情况，集中报警控制器设在消防控制室，区域报警控制器设在各区域，以便管理。

（2）火灾自动报警系统的组成及作用。

1）火灾探测器。火灾探测器是组成火灾自动报警系统的重要组件，是系统的感觉器官，其作用是监视被保护区域有无火灾发生。若发现火情，可将火灾的特征物理量，如温度、烟雾、气体和辐射光等转换成电信号，并立即动作，向火灾报警控制器发送报警信号。火灾探测器根据探测火灾参数的不同，可划分为感烟、感温、感光、气体和复合式。按结构造型也可分为点型和线型两大类。

2）手动火灾报警按钮。手动火灾报警按钮在每个防火分区至少应设置一只。从一个防火分区的任何位置到最邻近的一个火灾报警按钮的步行距离不应大于30m。手动火灾报警按钮宜设置在公共活动场所的出入口处，按钮应设置在明显的和便于操作的位置。安装在墙上时其底边距地高度宜为1.3～1.5m，且应有明显的标志。

3）火灾报警控制器。火灾报警控制器是火灾自动报警系统的重要组成部分，火灾报警控制器担负着为火灾报警提供稳定的工作电源，监视火灾探测器及系统自身的工作状态，接收、转换、处理火灾探测器输出的报警信号，进行声光报警，指示报警的具体部位及时间并执行相应辅助控制等任务。

（3）火灾自动报警系统工作过程。在变压器室、二次设备室、宿舍、配电装置室、电容器室、消弧线圈及接地变室、地下电缆室、二次设备室、通信室等重要场所均应设置配套的离子感烟、定温报警探测器；在主变本体、电缆隧道、竖井、二次设备室及通信室活动地板下的电缆层之间敷设感温电缆。当变电站内有火灾发生或有烟气散发时，火灾报警主机发出报警声光信号并显示火灾地点或联动启闭消防设备和通风设施。系统通过接点及数字通信接口接入变电站综合自动化监控系统，并遥信控制中心报警。这就是自动报警系统的工作过程，从中可见其在整个消防系统中的重要性。

2．灭火系统

灭火系统种类较多，具有不同的灭火原理和结构。变电站常用的有充氮灭火系统和泡沫灭火系统。

（1）充氮灭火系统。充氮灭火系统由温度探测器、断流阀、消防柜和控制柜四部分构成。

1）充氮灭火系统灭火过程。本装置在着火初期由气体继电器、靠近着火点的温度探测器、三侧断路器跳闸同时动作，发报警信号，自动脱扣装置打开快速排油阀以排出变压器顶部的热油，同时断流阀关闭，隔离油枕，防止油枕内的油外溢。3s 后，定时脱扣装置打开充氮阀，将一定压力和流量的氮气送到变压器内，氮气被注入约 10min。氮气将油箱内上下油层搅动混合，使燃烧中的油的温度冷却到燃点以下，同时，氮气覆盖在油表面，使表面氧含量达到最少，油火在较短的时间内被扑灭。

2）充氮灭火系统动作条件。重瓦斯保护动作、主变三侧断路器在分闸位置、变压器上方温感探测器动作同时满足时，充氮灭火装置动作。充氮灭火装置动作方式有自动启动、手动启动和机械应急启动三种方式。

（2）泡沫灭火系统。泡沫灭火系统主要由储液罐、合成泡沫灭火剂、分区阀、控制阀、安全阀、驱动装置、动力瓶组、减压阀、单向阀、控制盘、水雾喷头及管网等组成。系统基本构成示意图如图 1-8 所示。

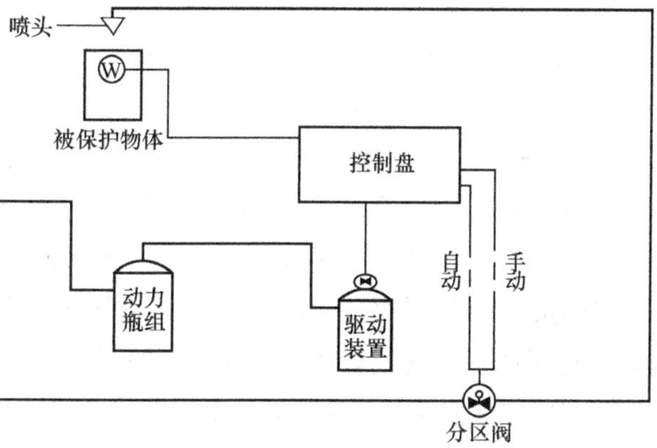

图 1-8　泡沫灭火系统构成示意图

火灾温度探测方式应采用缆式线型感温电缆，该电缆为感温探测装置，是当变压器温度达到火警设定值时，输出火警信号，并参与自动打开控制电磁阀和相应分段阀门输出信号逻辑与运算。

控制盘接收到被保护设备火警信号（断路器跳闸和感温电缆熔断）后，打开驱动装置启动动力瓶组；动力瓶组内的高压氮气经减压阀减压后，通过集流管进入储液罐；当储液罐内压力达到一定值后，控制盘打开分区阀，灭火剂在气体推动下，通过灭火剂流通管路，最后从喷头喷向被保护物。泡沫灭火系统设有自动、手动、机械应急三种控制方式。

3．电缆防火封堵

电缆（沟）穿墙孔洞、柜盘、电缆穿楼板孔洞、电缆沟阻火墙、电缆隧道阻火墙、电缆穿管管口、电缆竖井等处的封堵应采用柔性或成型的防火材料有效封堵，并满足相关规范的要求。

三、变电站综合安防系统

(一)基本概念

变电站综合安防系统是采用自动化技术、计算机技术、网络通信技术、视频压缩技术、射频识别技术以及智能控制等多种技术，通过对变电站动态环境、图像、照明、安防报警、门禁识别等监测、预警和控制三种手段，为变电站的安全生产提供可靠的保障，从而解决了变电站安全运营的“在控”“可控”等问题。

(二)作用

对变电站内外部环境进行实时动态监测，出现异常时及时报警，同时具备一定的反制能力，防止外部破坏势力（人或物）侵入变电站，对站内人员、设备和信息安全等造成伤害。

(三)组成结构与功能

安防系统按照功能划分，主要由入侵和紧急报警系统、视频监控系统、安防照明系统、电子巡查系统、门禁系统及反无人机防御系统组成。

1．入侵和紧急报警系统

入侵和紧急报警系统是指当非法侵入防范区时，引起报警的装置。入侵和紧急报警系统就是用探测器对建筑内外重要地点和区域进行布防，一旦发生入侵行为，能及时记录入侵的时间、地点，同时通过报警设备发出报警信号。下面介绍常见的入侵和紧急报警系统。

（1）电子围栏。电子围栏系统设置在非出入通道的周边区域，形成一道“电子围墙”屏障。当有人非法翻越围墙或破坏电子围栏的前端设备，电子围栏主机将警情传送到终端控制中心，在电脑上跳出电子地图，显示入侵报警区域；同时，外接的声光报警器开始报警，保安人员立刻赶往现场处理。

（2）红外对射。变电站周界传统的围墙无法对入侵事件进行报警，红外对射作为周界防范的有效补充，主要应用于距离比较远的围墙、楼体等建筑物，特别适合无人值守变电站。

红外对射是利用光束遮断方式的探测器，由一个发射端和一个接收端组成。发射端发出一束或多束红外光，形成监控防护区，当有人横跨该区域时，遮断不可见的红外线光束而引发警报。

（3）红外双鉴。红外双鉴是被动式红外传感器和微波传感器的组合。微波只对移动物体响应，红外只对引起红外温度变化的物体响应，只有在微波和红外同时响应时才会报警，大大提高报警可靠性。

2．视频监控系统

视频监控系统主要包括前端采集、传输、控制、显示、记录五部分，各部分之间环环相扣，形成一个完整的监控防护系统。

3．安防照明系统

安防照明系统由安防照明灯和灯光控制器组成。安防照明系统是站内针对视频监控系统搭建的辅助系统，在有人、物入侵时，为摄像机补光，同时瞬时的强光会对入侵物起到震慑作用。安防照明系统分布在全站周界围墙和各个出入口，也可做日常照明使用。

4．电子巡查系统

电子巡查系统主要有手持终端巡更器、巡更点、主控电脑、系统软件构成。巡逻人员持手持终端，在规定的时间、线路上采集巡更点的信息，上传至系统，系统生成一套完整的巡逻线路，可以查阅巡逻的时间、线路。

5．门禁系统

门禁系统作为一种新型现代化安全管理系统，大大提高无人场所的实时监控能力和出入权限的管理、数据自动存储、问题分析的水平，提高运行维护的效率并大大降低成本。同时，门禁系统与视频监控系统的整合，可以有效地杜绝管理漏洞。

6．反无人机防御系统

在变电站反恐防范系统中应用无人机实现主动防御系统的构建，其主要应用的技术有探测技术、干扰技术以及毁伤技术。其中，探测技术的主要功能是发现探测、定位识别以及跟踪处理；干扰技术通过对导航系统、光电荷载等系统进行电子以及光学的干扰，降低无人机性能；毁伤技术利用常规性的武器弹药系统以及激光、微波等武器进行无人机的摧毁。

四、变压器油色谱在线监测系统

（一）基本概念

溶解气体分析是诊断变压器内部故障的最主要技术手段之一，通过监测变压器油的各项理化、电气性能，确保变压器油质满足充油电气设备的安全运行要求，通过变压器油中溶解气体分析即色谱分析技术，能够分析诊断运行中变压器内部是否正常，及时发现变压器内部存在的潜伏性故障，掌握充油电气设备的健康状况。变压器油质及色谱分析监督的优势还在于其不需要停电就可进行检测，能为设备状态检修提供技术支持。

（二）作用

（1）分析气体产生的原因及变化，判定设备有无故障。

（2）判断故障的性质，包括故障类型（如过热、局部放电、火花放电和电弧放电等），判断故障的状况，如热点温度、故障功率、故障回路严重程度、发展趋势以及油中饱和水平和达到气体继电器报警所需的时间等。

（3）提出相应的安全防范措施及处理意见或建议。

（三）油色谱分析相关理论和技术

1．变压器油相关理论基础

绝缘油和纸（纸板）的产气原理。绝缘油和纸（纸板）的产气原理包括化学过程和物理过程。前者分为绝缘油的分解和固体绝缘材料的分解；后者分为气泡的运动，气体分子的扩散、溶解与交换和气体从油中析出与向外逸散。

（1）绝缘油的分解。变压器在正常的热负载下，一般油的最高温度不超过100℃，油不会产生烃类气体。变压器油在150℃环境中，油面可能会产生油蒸气（如测量闪点时），但冷却后仍然为液体的油组分，油本身是比较稳定的。油中存在电或热故障，可以使某些C～H键和C～C键断裂，伴随生成少量活泼的氢原子和不稳定的碳氢化合物的自由基，这些氢原子或自由基通过复杂的化学反应迅速重新化合，形成氢气和低分子烃类气体，如甲烷、乙烷、乙烯、乙炔等，也可能生成碳的固体颗粒及碳氢聚合物。所形成的气体溶解于油中，当故障能量较大时，也可能聚集成游离气体。碳的固体颗粒及碳氢聚合物可沉积在设备油箱的内壁或固体绝缘的表面。

（2）固体绝缘材料的分解。纸、层连接片或木块等纤维素绝缘材料分子内含有大量的无水右旋糖环和弱的C～O键及葡萄糖甙键，它们的热稳定性比油中的C～H键要弱，即使没有达到故障温度，键也能被打开。聚合物裂解的有效温度高于105℃，在150℃以上，纤维素结构中的化学结合水开始被脱除，有去氢气反应。部分氢气与油中氧化合成水，导致进一步水解。完全裂解和碳化的温度高于300℃，在生成水的同时生成大量的CO、CO_2和糠醛等呋喃化合物，大量烃类气体是伴随高温下油分解而产生的。

（3）不同故障时产生的不同特征气体。一般规律是产生烃类气体的不饱和度随着裂解温度的增加而增加的，依次为烷烃→烯烃→炔烃。不同故障类型的产气特征见表1-3。

表1-3　　不同故障类型的产气特征

故障类型	主要气体组分	次要气体组分
油过热	CH_4，C_2H_4	H_2，C_2H_6
油和纸过热	CH_4，C_2H_4，CO，CO_2	H_2，C_2H_6
油纸绝缘中局部放电	H_2，CH_4，CO	C_2H_2，C_2H_6，CO_2
油中火花放电	H_2，C_2H_2	/
油中电弧	H_2，C_2H_2	CH_4，C_2H_4，C_2H_6
油和纸中电弧	H_2，C_2H_2，CO，CO_2	CH_4，C_2H_4，C_2H_6

注　进水受潮或油中气泡可能使氢含量升高。

2. 油色谱分析技术

变压器油色谱在线监测系统运行时，采用差压泵吸方式将变压器油吸入到油样采集单元中，通过内部油泵进行油样循环，在真空环境以及磁力搅拌作用下实现油气快速分离；通过冷阱技术除杂后，将故障特性气体导入六通阀定量管。定量管中的混合故障气体在载气的推动下进入色谱柱，色谱柱对不同气体具有不同的亲和作用，可将故障特性气体依次分离。气敏传感器按出峰顺序对故障特性气体逐一进行检测，并将故障气体的浓度特性转换成电信号。数据采集器中心 CPU 对电信号进行转换处理、存储。数据采集器嵌入式工控机通过 RS485 通信模式获取本机日常监测原始数据。嵌入式数据分析软件对数据进行分析处理，分别计算出故障气体各组份及总烃含量；再通过后台主控计算机故障诊断专家系统对变压器油色谱数据进行综合分析诊断，实现变压器故障的在线监测分析。

第二章　新一代变电站集中监控系统

第一节　新一代变电站集中监控系统简介

一、背景简介

近年来，随着国家经济快速发展，变电设备规模也随之不断扩大，现有的运维管理模式与设备快速增长之间的矛盾越发凸显，主要存在设备监控强度不足、运维管理细度不足、支撑保障能力不足等诸多问题。电网发展的速度越来越快，当前变电运维管理模式已难以满足变电站精益化管理要求。为解决上述难题，迫切需要引进先进的系统给予技术支撑，新一代变电站集中监控系统也由此应运而生。

变电站集中监控系统定义：简称为 ECS-6000 系统或新一代集控系统，部署于集控站，面向变电设备的智能监控技术支持系统，对设备的运行监视、操作控制、监控业务管理等业务提供技术支持。

（一）安全分区

因新一代集控系统框架中有多处涉及安全分区的内容，在介绍系统原理图之前先将安全分区概念进行简单概述，以便读者更好理解本系统的网络拓扑，更容易掌握系统的各项功能。

调度（监控）系统划分为生产控制大区和管理信息大区，生产控制大区分为控制区（安全Ⅰ区）和非控制区（安全Ⅱ区），在新一代集控系统中均会涉及；管理信息大区分为安全Ⅲ区和安全Ⅳ区，在新一代集控系统中仅涉及安全Ⅳ区。生产控制大区与管理信息大区之间必须设置经国家指定部门检测认证的电力专用横向安全隔离装置，实现物理隔离；生产控制大区内部的安全区（控制区与非控制区）之间需要采用具有访问控制功能的安防设备实现逻辑隔离，通常采用的是防火墙。安全分区分类图如图 2-1 所示。

（二）系统原理图

新一代集控系统以基础平台为基础，分别在安全Ⅰ、Ⅱ、Ⅳ区部署集控相关应用功能，在安全Ⅰ区与安全Ⅱ区之间配置防火墙，实现Ⅰ、Ⅱ区之间的逻辑隔离，在安全Ⅰ区与Ⅳ

区、Ⅱ区与Ⅳ区之间均配置正反向隔离装置，实现物理隔离。系统原理图如图 2-2 所示。

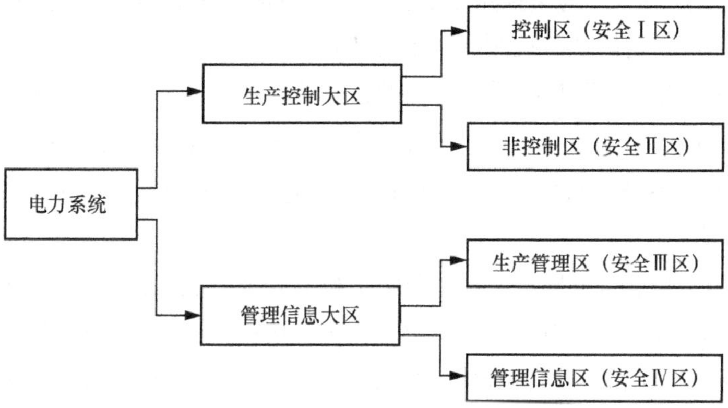

图 2-1　安全分区分类图

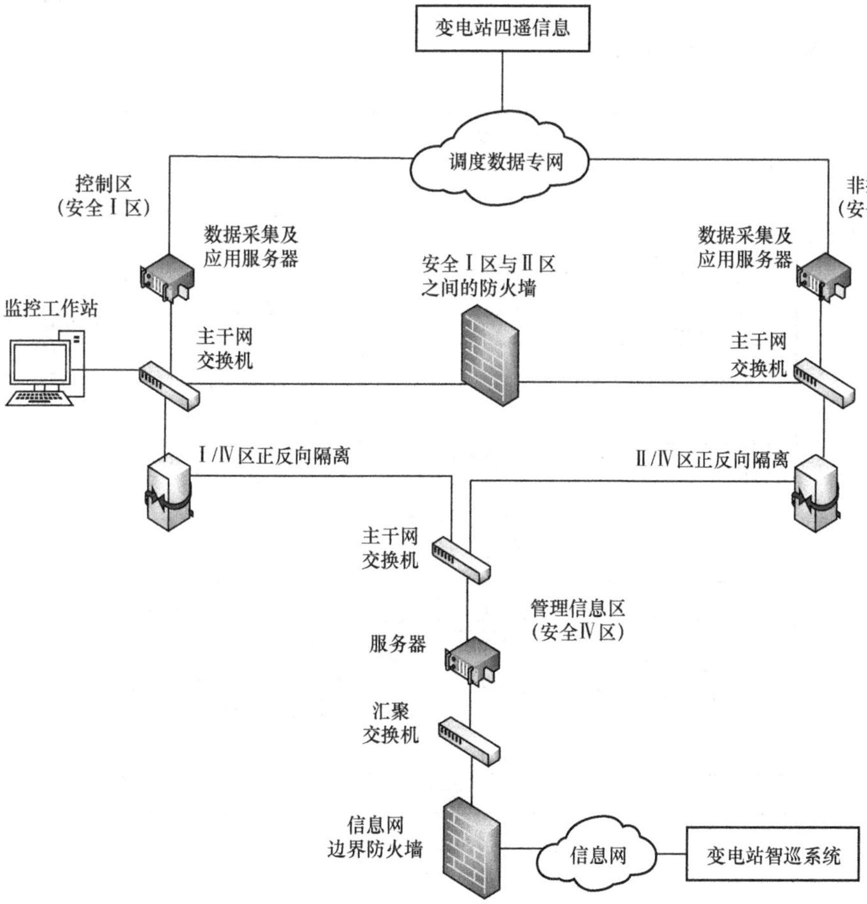

图 2-2　系统原理图

在安全Ⅰ区，变电站至集控系统：变电站主设备的四遥信息以及辅助设备重要的四遥信息传送至集控系统；集控系统至变电站：下发设备控制指令至变电站；传输设备：实时网关机（通常称之为远动）与集控系统的数据采集及应用服务器（通常称之为前置服务器）进行数据交互，该项功能通过控制区（安全Ⅰ区）实现。

在安全Ⅱ区，变电站至集控系统：辅助设备的非关键四遥信息、保信、录波文件等传送至集控系统；集控系统至变电站：下发设备控制指令、召唤指令至变电站；传输设备：服务网关机与集控系统的数据采集及应用服务器进行数据交互，该项功能通过非控制区（安全Ⅱ区）实现。

在安全Ⅳ区，变电站至集控系统：变电站智能巡视主机的视频、巡检报告等数据传送至集控系统；集控系统至变电站：下发巡视任务、巡检机器人的控制指令；传输设备：集控系统服务器与变电站服务器进行数据交互，该项功能通过管理信息区（安全Ⅳ区）实现。

（三）系统功能

新一代集控系统功能模块主要包括运行监视、操作控制、操作防误、监控助手、业务管理等，系统框架图如图 2-3 所示。

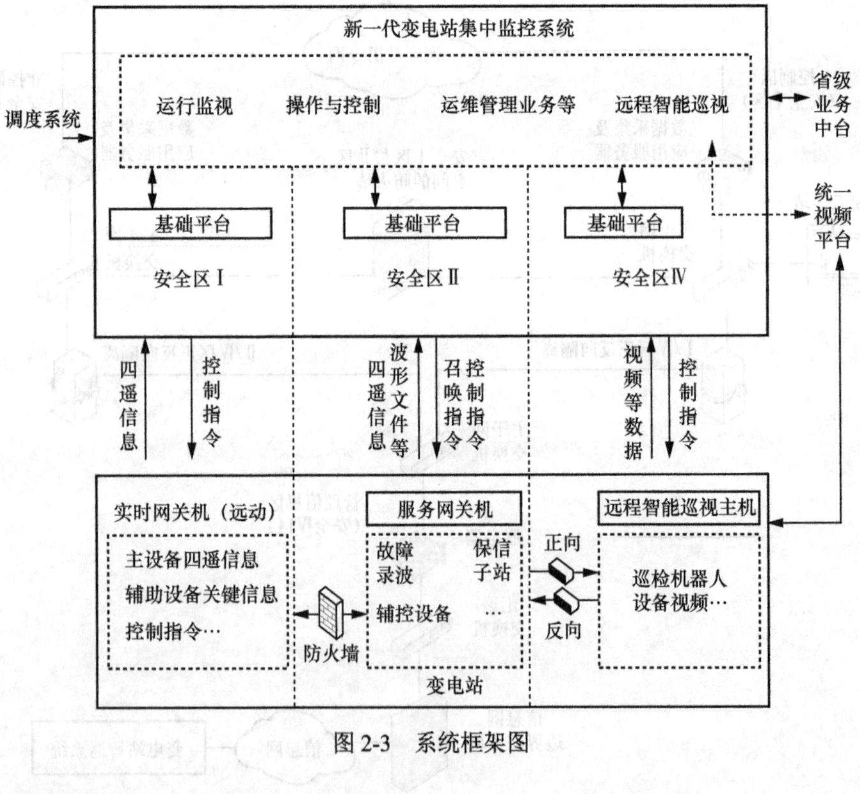

图 2-3　系统框架图

1. 运行监视

运行监视主要包括全景监视、一次设备监视、二次设备监视、辅助设备监视（安防、动环、消防、在线监测）、事件化告警等。

（1）全景监视。全景监视以图标等多种方式对变电站设备的总体情况、统计数据、变电站公用设施、重要设备、影响监控的运维检修调试作业进行展示。全景总览信息功能主要在集控站首页和变电站首页进行展示，主要包括变电站设备总览和集控站设备总览。集控站设备总览包括各电压等级变电站地理图、变电站规模统计、过重载、重点监视设备等信息。变电站设备总览包括变电站重要设备的运行统计信息、主接线图等。

（2）主辅设备监视。

1）一次设备监视。监视的设备主要有变压器、断路器、隔离开关（手车开关）、电压互感器、电流互感器、避雷器、母线、GIS 组合电器、站用变（接地变）、电抗器、电容器等。设备运行状况以设备事故、变位、越限、异常、告知五类告警信号等信息进行展示，同时也可按划分的责任区、变电站、设备类型等进行分类展示，在设备的运行状态发生变化时，系统可根据告警信号的重要性提供提示、告警等手段，如推画面、语音告警反馈给监控员。

2）二次设备监视。监视设备主要有保护装置、测控装置、合并单元、智能终端、安稳控制装置、网络设备的设备运行状况，事故、变位、越限、异常、告知五类告警信号及装置定值、软连接片信息、保护定值区号监视等进行展示。

3）辅助设备监视。辅助设备实时告警界面，包括遥测量的越限信息、设备异常等告警信息，在一次主接线图监视画面中调阅变电站各类辅助设备的系统分图，如辅助设备的运行状态、自检信息、光字牌、通信状态等信息，也可以以曲线等形式进行展示。

（3）光字牌。新一代集控系统在光字牌展示形式上做了大量数据库维护、分类等工作，不仅可以反映变电站主辅助设备的告警信息，还设置了光字牌按逐层查询、各层联动的效果，至少包括四层，这样监控员可从多视角快速查看动作信息，及时掌握设备运行情况。光字牌总共包括四层：

1）设备间隔内的光字牌：对某个设备的具体告警信号。如××设备控制回路断线，也是最底层的光字牌，可展示该信号的动作、未确认、复归等状态。

2）间隔总光字牌：顾名思义，是代表某个间隔的总光字牌。在某间隔内有一个或多个光字牌动作、未确认或复归时均会通过此光字牌进行展示。

3）变电站总光字牌：是代表某个变电站的总光字牌，即该站所有设备光字牌的集合。在该变电站内有一个间隔或多个间隔总光字牌动作、未确认或复归时均会通过此光字牌进行展示。变电站总光字牌设置在厂站目录与光字牌模式界面。

4）责任区总光字牌：是代表某个责任区内所有变电站总光字牌的集合。在该责任区内有一个或多个变电站总光字牌动作、未确认或复归时均会通过此光字牌进行展示。

光字牌具备的处理功能主要包括：

1）光字牌运行状态应分为确认和未确认状态，上级光字牌状态是下级光字牌的综合结果。

2）光字牌确认后，相关告警会自动确认。

（4）事件化告警。事件化告警通过一体化的设计原则进行设计和建设，将一次设备监视、二次设备监视、辅助设备监视以及系统运行等信息汇集起来，通过推理分析生成综合的事件化告警信息，并以形象直观的方式进行综合展示。

2．操作控制

操作控制主要包括遥控操作、遥调操作、顺控操作、辅助设备操作、二次设备操作等。

（1）遥控、遥调操作项目。遥控操作的设备主要有断路器分合、隔离开关分合、主变中性点接地开关分合、无功补偿装置投切、一体化电源空气开关分合、重合闸软连接片投退、照明等辅助设备控制、二次设备控制等。

遥调操作的设备主要有主变调挡操作、空调等辅助设备调节参数操作、二次设备定值调整等操作。

新一代集控系统在遥控、遥调操作中满足以下技术要求：

1）操作人员具备独立的操作权限，操作在间隔分图上执行，禁止在一次接线图总图上或其他人机界面操作。

2）操作方式有 DO（直接执行）和 SBO（先选择再执行）两种形式，通常设置为第二种方式。

3）操作设备选择需要人工输入设备调度编号，人工输入的编号与所选择的设备编号一致后点击确认，控制选择按钮才可激活之后的操作。另外，在遥控预置前，操作界面可显示所遥控设备的遥控点号，便于监控员与监控信息表核对。

4）操作分步执行时，应具备步骤序列闭锁机制，控制选择返校成功后，控制执行按钮才可激活。

5）选择所需操作的设备后在 30～90s（可根据实际需求进行设备）内无相应操作时，系统自动会退出当前操作界面，避免不必要的操作执行。

（2）顺控操作。目前，新一代集控系统的顺控操作以站端成票、主站召票模式应用。

1）操作项目主要包括：

a. 单一开关间隔“运行”“热备用”“冷备用”三种状态间的转换操作。

b. 主变及母线“运行”“热备用”“冷备用”三种状态间的转换操作。

c. 倒母线操作调用。

d. 具备电动手车的开关柜“运行”“热备用”“冷备用”三种状态间的转换操作。

e. 变电站顺控服务已具备的其他顺控操作。

2）技术要点包括：

a. 变电站配置的操作任务名称需要与新一代集控系统配置的操作任务名称完全一致。

b. 事故及异常处理、监控职责移交至变电站现场的情况不可采用一键顺控操作。

3．操作防误

新一代集控系统操作防误主要有拓扑防误、逻辑闭锁、信号闭锁、逻辑规则等。

4．监控助手

监控助手主要包括快速向导、监控日志、信号自动巡视、辅助决策、缺陷智能关联、短信发布等功能模块。

5．业务管理

业务管理主要涵盖信号自动验收模版、数据发布、智能报表、版本管理等。

（四）信号自动验收

1．信号自动验收模块功能

信号自动验收主要应用于新建变电站和改扩建变电站信号验收中，传统信号验收采用人工逐点验收，即变电站保护人员现场触发告警信息，操纵断路器、隔离开关的分合和对电压、电流加量，经运维人员确定后，与主站监控员进行电话验收，该种验收方式耗时长、效率低，且需要保护人员、运维人员、主站监控人员同步验收，耗费大量人力，不利于班组减负。集控系统自带信号自动验收模块，无须额外配置，可实现主站–站端监控信息智能自动对点，完成监控信息全回路验收，极大地提高监控信息验收效率，减少工作强度，缩短信号核对周期，适用于各种电压等级的 IEC 61850 通信智能变电站和常规变电站的新建及改扩建变电站。

监控信息自动验收系统是通过接收前置变化数据，并按既定规则与设定值进行比对，实现监控主站与远动子站的自动对点功能。由于现有系统前后台数据交互时，前置只会将值班通道的数据往后台发送，所以在进行自动验收时，自动验收系统只能接收到前置值班通道的变化数据，而对于备通道的数据无法进行获取。对于新建变电站，通过接收值班通道的数据进行信号验收问题无影响，但对于改扩建变电站，由于值班通道作为实际的运行通道，不能受到影响，因此需要增加单独对备用通道的数据进行验收的方式；而对于新建变电站，还要同时支持对多路通道进行验收的方式。

新一代集控系统的系统信号自动验收模块内嵌在系统中，具备如下功能：

（1）监控信息自动对点，满足《变电站二次系统通用技术规范 第 9 部分　信号自动联调》技术规范中对变电站集中监控系统自动对点的相关功能要求。

（2）在集控系统部署自动对点模块，实现对变电站的监控信息自动验收。

（3）具有遥信、遥测验收信息点表导入及校核功能。

（4）提供可视化的遥信、遥测信息自动验收工具，即人机界面，监控员可自行选择所需验收的遥信、遥测信息，系统支持选择部分或全部信息进行自动验收。

（5）根据自动验证策略，系统可对遥信、遥测进行自动验证功能，并可实时记录验收结果，验收结果不一致时会给出提示。

（6）具备将遥信、遥测自动验收结果记录、保存并导出的功能，监控员或站端人员可根据需求导出验收结果进行留档。

2. 信号自动验收使用方法

系统自动验收可视化工具主要有厂站选择、验收类型、加载验收表、确定验收表、开始验收、结束验收、保存结果、导出结果、参数设置以及登录、退出等功能按钮，开展验收前需要按照流程点击操作后才可开始与变电站进行对接。

各功能按钮的功能：

（1）厂站选择：选择验收厂站验收类型，如验收遥信还是遥测，需根据实际情况进行选择。

（2）加载验收表：从数据库读取验收卡内容确定验收表，选择过滤需要验收的测点。

（3）开始验收：正式启动验收，暂停/结束验收：暂停或终止验收。

（4）参数设置：对常用参数进行设置，设置内容同步写入配置文件。

（5）结果保存、导出：验收结果的保存或导出存档。

（6）登录、退出：未登录用户禁止进行验收操作。

其中，参数设置尤为关键，主要有：

（1）验收超时时间：设置总的超时时间。

（2）信号验收顺序：按信息点号显示顺序。

（3）验收颜色：成功、失败颜色定义。

（4）遥测值偏移量：设置默认偏移量。

（5）遥测验收阈值：实际值与目标值的比对阈值。

（6）遥信超时时间：单个信号接收时间，默认值即可。

（7）信号接收方式：直接从前置或从后台接收，主站系统通常设置为前置接收。

（8）消息总线类型：同网段或跨网段方式，通常选择同网段。

验收信息联动查询功能：验收过程中，通过单击选择某一验收测点，可以在可视化工具界面信息动态验收区域的告警区显示该测点的实时告警信息，通过鼠标前后翻滚，可以方便查询到该测点验收前后的详细告警记录；同时，也可通过选择信息动态验收区域中的告警记录，来查看该测点的实时验收结果等，有助于监控员实时掌握整体验收进度及开展验收不通过等诸多问题的排查。

结果保存：将当前验收信息存入自动验收信息表中，以便下次查看。

结果导出：可选择将验收结果导出到文件，供进一步查看或存档之用。

3. 信号自动验收流程

新建变电站与改扩建变电站信号自动验收最大的区别是改扩建变电站不能对已运行设备造成影响，具体连接链路不通，因此下面分别介绍新建变电站与改扩建变电站的验收流程。

（1）新建变电站验收流程。新建变电站信号自动验收流程如图 2-4 所示。站端自动验收装置加载的点表与通信网关机 A、通信网关机 B 中的转发表核对一致，主站集控系统自动验收模块加载的点表与系统数据库核对一致，若上述核对中发现点表存在差异，需核实无误、更改一致后方可开展变电站与集控系统信号自动验收流程。在验收过程中，两套通信网关机 A、B 均需要参与验收，均验收通过才可认定信号核对完成。

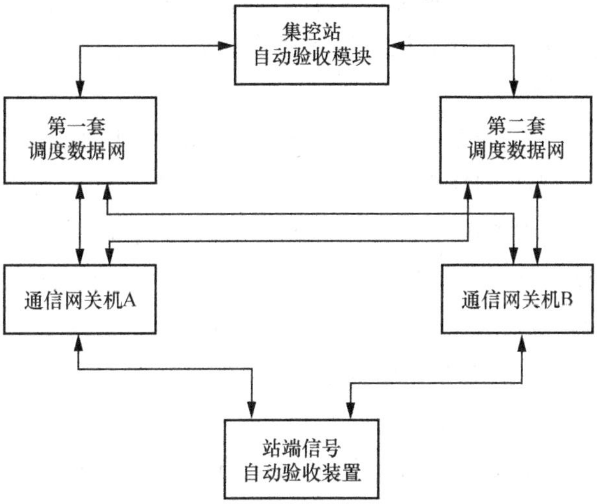

图 2-4　新建变电站信号自动验收流程示意图

（2）改扩建变电站验收流程。改扩建变电站自动验收流程如图 2-5 所示。站端自动验收装置加载的点表与通信网关机 A、通信网关机 B 中的转发表核对一致，主站集控系统加载的点表与其数据库核对一致，之后开始变电站–集控系统信号自动验收，变电站逐点触发，主站集控系统按顺序接收。通过站控层交换机将信息传送至集控系统自动验收模块，两套通信网关机 A、B 均参与验收。

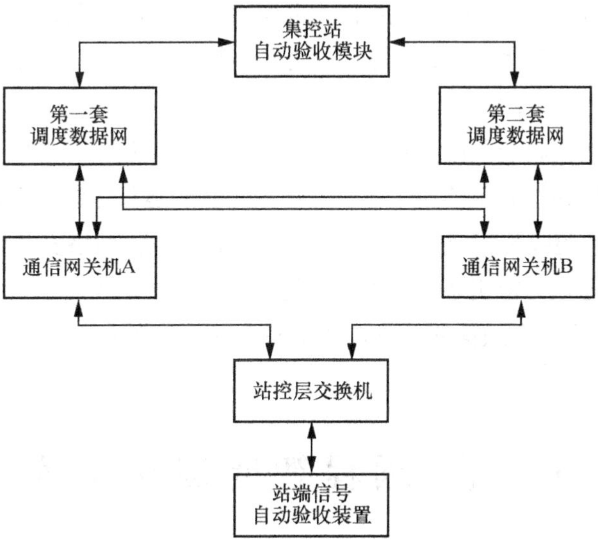

图 2-5　改扩建变电站信号自动验收流程示意图

4. 信号自动验收结果

集控系统信号自动验收结果报告中包含点号、信号内容、验收结果、验收时间等内容。

在信号自动验收执行完毕后，可导出验收报告留作备份。对于验收不通过的信号开展人工验收或重新启动验收，最终抽取全部自动验收信号的30%进行复测，复测采用人工验收的方式开展，均验收通过后即为该厂站信号验收通过，并形成验收报告。

5. 信号自动验收策略

（1）遥信验收策略：遥信类告警信号自动验收模块默认初始状态为 0（复归状态），若信号初始状态为动作态，则视为验收不通过。每一个信号触发为动作、复归（即一个信号验证两次）；按照验收点表点号顺序依次验收，执行完毕后导出验收报告。

（2）遥测验收策略：在站端信号自动验收装置中参与自动验收的遥测类信息点号从小到大添加偏移量，偏移量可人工设置。比如设置 9.9，则点号为 100 的遥测值上送至集控系统自动验收模块为点号+偏移量，即为 109.9，执行完毕后导出遥测验收报告。

6. 信号自动验收风险防控措施

（1）信号核对前，将集控系统与调度系统点表进行比对，确保与调度系统点号一致。

（2）站端路由器、纵向加密配置时向安防主站申请网络安全监测装置及纵向加密置检修，防止误上告警信号。

（3）集控系统批量遥控预置对象及集控系统遥控画面图模关联应正确。

（4）站端监控系统与主站监控系统不应同时失去监控功能。

（5）验收体系的网络安全应遵循“安全分区，网络专用、横向隔离、纵向认证”的原则。

（6）自动验收相关软件应通过国家有关机构的安全检测认证和代码安全审计，应采用满足安全可靠要求的操作系统、数据库、中间件等基础软件，应封闭网络设备和计算机设备的空闲端口和其他无用端口。

（7）变电站自动验收装置应具备有资质第三方检测单位出具的安全性测试报告。

（8）验收过程应通过完备的技术手段，保证不影响运行系统和运行设备。

（9）变电站自动验收装置应采用安全操作系统，并进行网络安全加固处理，具备防恶意代码攻击、权限管理、密钥认证、审计功能等安全防护能力。

（10）变电站具有两个通信网关机，变电站至主站具有两个传输通道时，均要校核遥信及遥测验收的准确性。

第二节 远程智能巡视系统

远程智能巡视系统分为变电站远程智能巡视系统和远程智能巡视集中监控系统。

一、变电站远程智能巡视系统

变电站远程智能巡视系统简称站端巡视系统，由巡视主机、机器人、视频监控等设备等组成，实现数据采集、自动巡视、智能分析、实时监控、智能联动、远程操作等功能。

变电站远程智能巡视系统可实现视频实时采集、自主开展巡视、巡检报告自动生成、缺陷识别等功能。此外，在信息网可发布 WEB 界面，远程开展单个站点或多个站点巡视，其相关功能具体为：

1．识别各类表计数据

压力表、油位表、避雷器表计、变压器挡位表计、变压器油温绕温表计等，通过图像识别软件，实现压力表等仪表数据自动识别、读取展示、抓图、报告生成。

2．红外测温

在变电站内设置双目白光摄像机与红外热成像摄像机，可实时采集室外设备区的设备温度，同时可通过设置告警阈值，实现越限自动告警。

3．智能巡检功能

通过可见光、红外热成像、图像识别、在线监测等技术手段对全站一、二次设备的运行状态进行全方位感知，实现变电站设备巡视功能。

4．智能图像识别功能

主要实现对断路器、隔离开关等开关设备分合指示牌的分、合状态识别和设备外观识别等。

5．缺陷识别功能

呼吸器硅胶变色、设备渗漏油、设备搭接异物、绝缘子破损、设备构架鸟窝等缺陷识别功能。

除上述功能外，变电站远程智能巡视系统还具有各摄像机视频实时调阅功能、巡检报告自动生成及上送功能、图像储存回放功能、历史数据分析功能、可实现 WEB 发布功能等。

二、远程智能巡视集中监控系统

远程智能巡视集中监控系统部署在集控站内，属于集控系统的一部分，对接入的变电站智能巡视系统发送指令实现对所辖区域内变电站的巡视工作，并进行远程管理和集中管控。系统主要功能模块包括信息总览、查询统计、立体巡视、运行监控、智能联动、系统配置、系统管理七个，实现变电站巡视工作的全面监控，为提升设备运维监控强度提供技术支撑。此外，系统还可与统一视频监控平台、电网资源业务中心等进行数据交互，具体框架如图 2-6 所示。

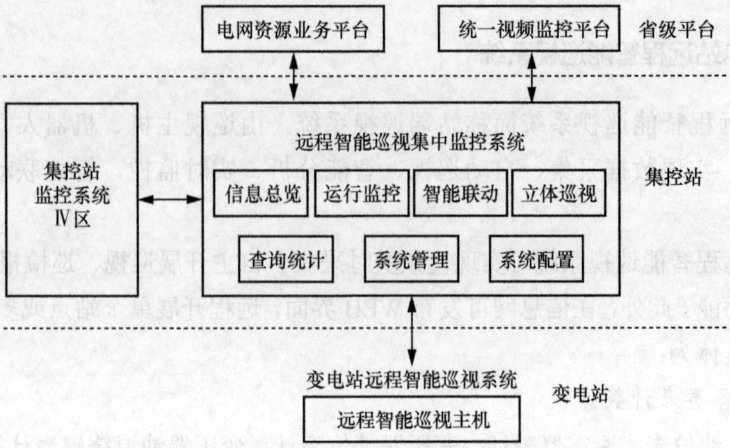

图 2-6　远程智能巡视集中监控系统框架图

1．信息总览

信息总览模块支持对辖区内变电站监测数据、巡视信息、视频设备、缺陷等信息的汇总及关联查询。

2．查询统计

查询统计模块可实现对接入系统的变电站的巡视任务、机器人、视频设备的告警及缺陷信息的查询统计与查询，支持展示巡视任务类型、状态、设备名称、所属变电站等巡视任务信息以及运行状态、工况、类型等设备信息，同时以图表形式展示告警及缺陷信息。

3．立体巡视

立体巡视模块可实现巡视方案配置、巡视任务总览、巡视监控、巡视结果确认、巡视结果分析、检修区域设置等功能，具体如图 2-7 所示。

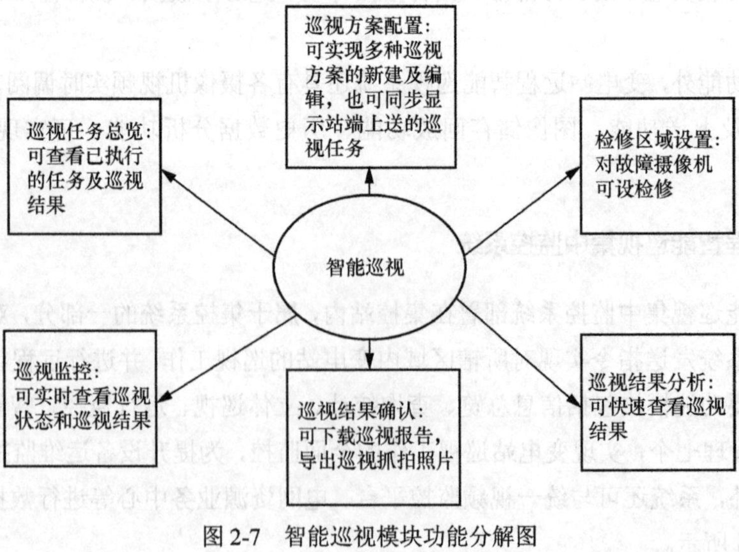

图 2-7　智能巡视模块功能分解图

4. 运行监控

（1）综合监控：可查看机器人、摄像机等视频设备的在线状态。通过树状图可查看各电压等级变电站接入的巡视点位，并设置搜索功能，快速定位设备查询，按照需求灵活调整视频画面展示方式。例如，可采用 1/4/9/16/全屏等多种方式快速查看各变电站设备、环境的点位实时视频画面，并具备关闭单个显示画面和关闭所有显示画面、监控设备远程控制、监控画面抓图与录制、预置位控制、轮巡方案配置等多种功能。

此外，系统可实现对变电站系统中巡检设备（主要指摄像机）进行云台控制、镜头焦距控制、多预置位控制、云台响应速度调整等功能。

（2）录像回放：实现根据时间、设备等信息查询、播放和下载录像功能，包括同一路视频不同的时间点同时回放、多路图像同时回放、快放、慢放、拖拽、暂停、抓图等。

5. 智能联动

在监控系统中筛选出重要的告警信息，与远程智能巡视系统的巡视点位根据需求进行匹配，配置相关策略后导入远程智能巡视系统，可实现将新一代集控系统推送的告警信息进行视频弹窗、声光报警等联动功能，在遥控操作中可自动调阅变电站现场对应设备的分合闸指示状态实时视频画面。联动信息可集中展示与逐条显示、联动信息需要人工确认，并且可根据告警等级将推送的联动以颜色区分。一般告警时显示为黄色，严重告警时显示为橙色，危急告警时显示为红色。

6. 系统配置

系统配置包括视频配置、设备配置、厂站管理、模型同步、联动配置以及基础数据维护等功能，主要为变电站远程智能监控系统接入主站提供配置调试的可视化界面，还为视频联动配置调试提供导入界面。

7. 系统管理

系统管理主要包括用户管理、角色权限管理、日志管理等功能，主要服务于账号创建、日志查看等。

三、系统对接

（一）变电站系统与主站系统对接

主站系统（远程智能巡视集中监控系统）与变电站系统（变电站远程智能巡视系统）智能巡视主机接口是两个系统数据交互的重要接口，通过对应接口，主站系统可下发各变电站的巡视任务、智能联动指令至变电站系统主机，变电站系统将巡视结果、抓拍的图片、实时视频流传输至主站系统服务器，也可实时调阅变电站录像文件数据等。两个系统的对接原理图如图 2-8 所示。

远程智能巡视集中监控系统在完成基础配置后，可开始对接厂站，具体配置步骤为：

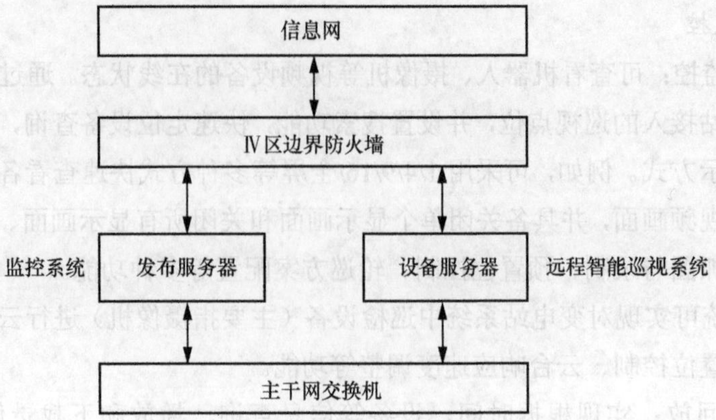

图 2-8　主站系统与监控系统对接原理图

（1）将变电站系统硬盘录像机与主站系统服务器对接，建立硬盘录像机台账，检查是否在线，在线后将各摄像机激活同步摄像机台账，摄像机台账与现场实际逐一核对无误后添加分组视频，确保所有摄像机连接无误，视频上送正常，实现实时查看视频的功能（综合监控模块）。

（2）变电站系统主机与主站系统服务器对接，添加厂站白名单、厂站 IP 地址，更新变电站区域编码，在主站系统人工更新摄像机编码后将变电站系统智能巡视主机接入主站系统服务器，可实现远程任务下发及智能巡视等功能。

（二）主站系统与监控系统对接

主站系统与监控系统（ECS-6000 系统，与主站系统共同隶属于新一代变电站集中监控系统，均为集控系统的一部分）对接，主要实现主设备、辅助设备与视频的智能联动功能。主站系统与监控系统的对接接口用于实现主站系统设备服务器与监控系统应用与发布服务器之间的信息交互。

监控系统安全Ⅰ区的告警信息通过防火墙发送至安全Ⅱ区，安全Ⅱ区将信息汇总配置后通过正向隔离装置发至安全Ⅳ监控系统的发布服务器，再通过主干网交换机传至主站系统的设备服务器，设备服务器收到指令后会通过上述传输路径（反向隔离装置）将收到的指令反馈至安全Ⅰ区，主站系统设备服务器会调阅变电站系统实时视频画面，实现主设备与视频的智能联动。

监控系统安全Ⅱ区的告警信息汇总配置后通过正向隔离装置发至安全Ⅳ监控系统的发布服务器，再通过主干网交换机传至主站系统的设备服务器，设备服务器收到指令后会通过上述传输路径（反向隔离装置）将收到的指令反馈至安全Ⅱ区，主站系统设备服务器会调阅变电站系统实时视频画面，实现辅助设备与视频的智能联动。

配置方法：监控系统需将主辅设备告警信息分别导出，变电站远程智能巡视系统需将设置的全部巡视点位、摄像机的相关信息导出，再由专业人员将上述信息按照需求进行一一整合，配置相关策略，最终导入远程智能巡视集中监控系统，这样便可在监控系统出现重要告警信息时，监控系统的安全Ⅰ区、安全Ⅱ区设备会将动作的告警信息通过正向隔离装置发送至安全Ⅳ区主站系统的服务器，安全Ⅳ区设备服务器接收到告警联动信号后联动变电站摄像机中的巡视点位调阅现场视频画面，并通过设备服务器的发布功能传至信息内网办公机进行展示。

第三节　变电站监控信息传输原理

一、电力调度数据网

电力调度数据网将电力网连成一个紧密的整体，使电力调度工作通过电力调度数据网将电力调度（监控）中心、变电站、发电厂三者互相关联，提高电力调度安全性，有利于各层级电力系统的信息交流和数据传输，提升电力调度的质量效率，为广大用户带来更快更好的服务。

电力调度数据网应当在专用通道上使用独立的网络设备组网，在物理层面上实现与电力企业其他数据网及外部公用数据网的安全隔离；电力调度数据网分为逻辑隔离的实时子网和非实时子网，分别为控制区和非控制区。电力调度数据网主要由路由器、纵向加密装置、交换机等设备组成。

二、变电站内信息传输原理

（一）常规变电站

常规变电站是指在变电站中使用常规的非智能化设备，且采用常规的保护及监测等手段，对设备进行传统的监控。采用电磁式电流互感器和电压互感器完成信息采集，功能较为分散、缺乏整体性，难以实现信息共享。常规变电站信息传输如图 2-9 所示。

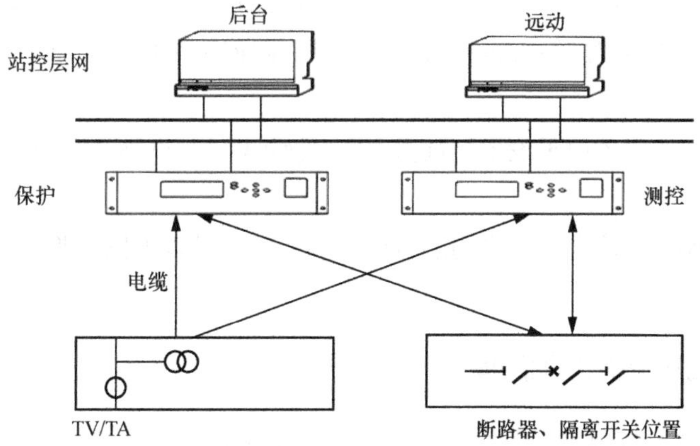

图 2-9　常规变电站信息传输

（二）智能变电站

智能变电站是指采用先进、可靠、集成、低碳、环保的智能设备，以全站信息数字化、通信平台网络化、信息共享标准化为基本要求，自动完成信息采集、测量、控制、保护、计量和监测等基本功能，并可根据需要支持电网实时自动控制、智能调节、在线分析决策、协同互动等高级功能的变电站。智能变电站信息传输如图 2-10 所示。

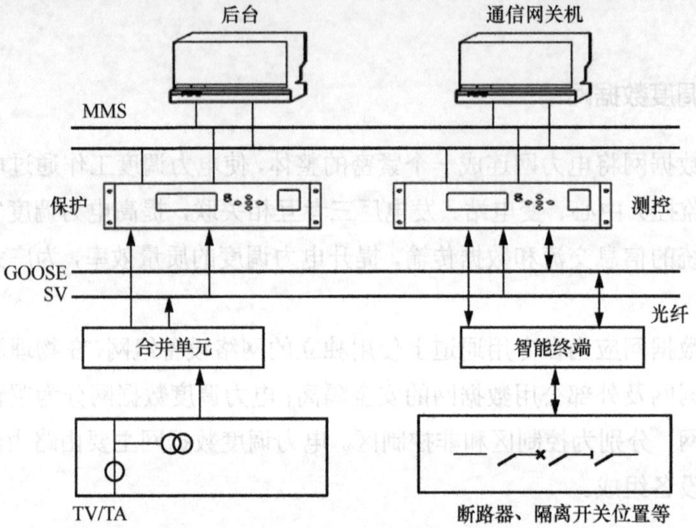

图 2-10　智能变电站信息传输

智能变电站信息传输主要有直接采样、直接跳闸、网络采样、网络跳闸。

（1）直接采样：智能电子设备（电压互感器、电流互感器）不经过以太网交换机以 SV 点对点（即合并单元直接与保护装置、测控装置传输信息）的连接方式直接进行采样值传输。

（2）直接跳闸：保护装置、测控装置与本间隔智能终端之间不经过以太网交换机而是以 GOOSE 点对点（即智能终端直接与保护装置、测控装置传输信息）连接方式直接进行跳合闸信息的传输。

（3）网络采样：智能电子设备经过以太网交换机以 SV 网络送至对应保护及测控装置，实现网络采样。

（4）网络跳闸：保护设备与本间隔智能终端之间经过以太网交换机以 GOOSE 网络传输跳合闸信号。

三、集控系统内信息传输原理

在安全区Ⅰ主要实现主设备监视与控制、辅设备重要信息监视与控制等功能应用。

在安全区Ⅱ主要实现辅助设备监视与控制等功能应用。

在安全区Ⅳ主要实现监控业务管理、远程智能巡视、WEB发布等功能应用。

（一）主设备信息传输

遥信、遥测类信号：变电站上送的信息通过实时调度数据网传送至新一代集控系统的安全Ⅰ区数据采集及应用服务器，安全Ⅰ区数据采集及应用服务器传送至安全Ⅰ区主干网交换机，再由安全Ⅰ区主干网交换机传送至安全Ⅰ区应用服务器、监控工作站等。

遥控、遥调类信号：新一代集控系统工作站下发控制指令，传送至安全Ⅰ区主干网交换机，由安全Ⅰ区主干网交换机传送至安全Ⅰ区数据采集及应用服务器，最后通过实时调度数据网发送至变电站。

（二）辅助设备信息传输

遥信、遥测类信号：变电站上送的信息通过非实时调度数据网传送至新一代集控系统的安全Ⅱ区数据采集及应用服务器，安全Ⅱ区数据采集及应用服务器传送至安全Ⅱ区主干网交换机，再由安全Ⅱ区主干网交换机传送安全Ⅱ区至应用服务器、监控工作站等。

遥控、遥调类信号：新一代集控系统工作站下发控制指令，传送至安全Ⅱ区主干网交换机，由安全Ⅱ区主干网交换机传送至安全Ⅱ区数据采集及应用服务器，最后通过非实时数据网发送至变电站。

（三）横向数据传输

新一代集控系统与调度系统（D5000系统）等通过标准化的模型数据进行信息交互，与统一视频平台通过标准接口进行交互等。安全Ⅰ区智能联动指令通过防火墙传送至安全Ⅱ区，再由安全Ⅱ区传送至安全Ⅳ区实现联动。安全Ⅰ区、安全Ⅱ区共用同一个数据库，集中在安全Ⅰ区数据库储存。安全Ⅳ区拥有自己的镜像数据库（数据自安全Ⅰ区传输）。

四、变电站与集控系统主站信息传输

变电站与集控系统信息传输如图2-11所示。

（一）变电站与集控系统安全Ⅰ区数据传输

变电站通过实时网关机与集控系统Ⅰ区进行数据交互，实时网关机（远动）是全站保护、测控等二次设备数据信息的汇集点。

1. 站端传送至集控系统的告警信息

将影响电网、设备安全运行的主设备四遥数据信息和站内辅助系统的重要四遥数据信息通过实时纵向加密装置（调度数据网）传送至集控系统，主要包括以下信息：

（1）有功功率、无功功率、电流、电压、主变挡位、主变油温、功率因数、频率等遥测信息和主设备与重要辅助设备的事故、变位、越限、异常、告知类信息。

（2）火灾告警、电子围栏告警、水浸告警、SF_6泄漏告警等辅助设备关键告警信息。

2. 集控系统下发至变电站的指令

集控系统将控制指令通过调度数据网传输至实时网关机，由实时网关机发送至设备，发送的信息主要包括：

（1）集控系统远方操作变电站一次设备、重要辅助设备的操作指令（遥控、遥调）。

（2）远方投切备自投、投退重合闸软连接片、切换定值区、修改定值等二次设备的操作指令。

（3）一键顺控操作控制指令。

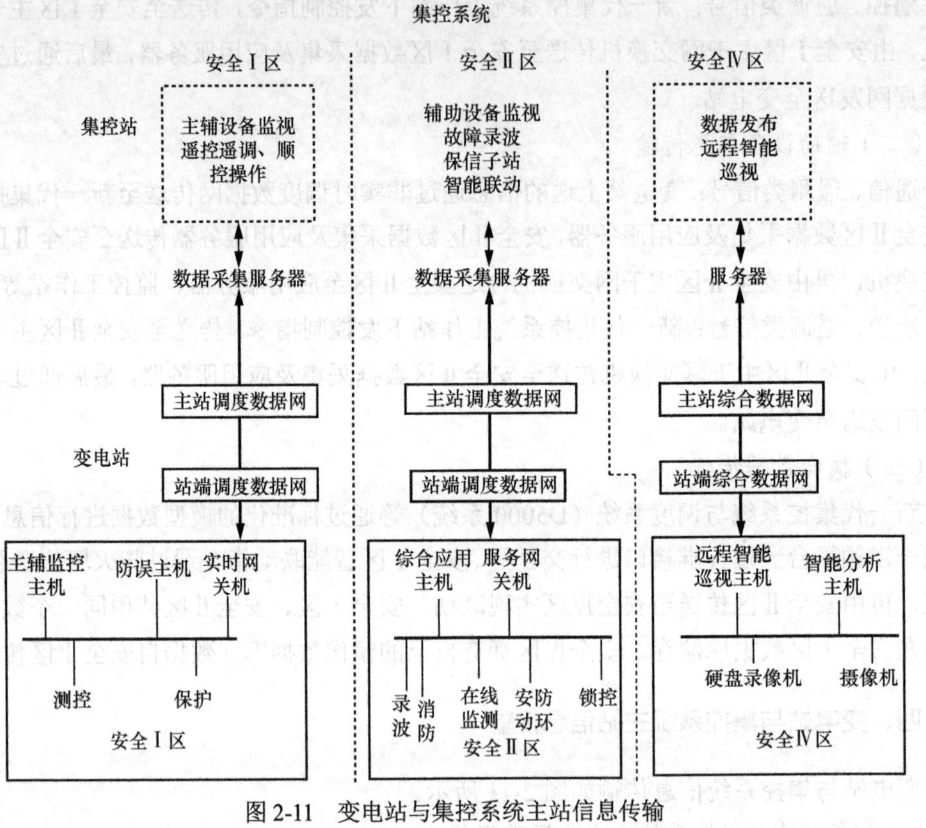

图 2-11　变电站与集控系统主站信息传输

（二）变电站与集控系统安全Ⅱ区数据传输

变电站通过服务网关机与集控系统Ⅱ区进行数据交互，服务网关机是辅助设备、故障录波装置、保信子站装置、火灾消防、安防设备、一次设备在线监测、动环设备的数据信息的汇集点。

1．站端传送至集控系统的告警信息

服务网关机通过非实时纵向加密装置（调度数据网）传送至送给集控系统，应包括以下信息：

（1）保护测量值、保护定值、软连接片状态、定值区、模拟量、开关量信息。

（2）测控参数、配置信息。

（3）保护、测控等二次设备在线监测信息。

（4）泄漏电流等一次设备在线监测信息。

（5）局部放电等一次设备在线监测记录文件。

（6）火灾消防、安全防卫等辅助设备运行和告警信息。

（7）新一代自主可控变电站的 SCD、CIM/G、RCD 等文件。

（8）历史遥信、历史遥测等数据。

（9）经过合并的服务器/工作站等网络安全监测异常告警信息。

2．集控系统召唤的信息

变电站服务网关机应支持召唤下列信息：

（1）保护、测控等二次设备的测量值、定值、定值区、参数与维护信息、故障报告、历史遥信、历史遥测等数据。

（2）二次设备在线监测信息。

（3）一次设备在线监测信息及记录文件。

（4）火灾消防、安全防卫等辅助设备运行和告警信息。

（5）新一代自主可控变电站的 SCD、CIM/G、RCD 等文件。

3．集控系统下发的控制指令

集控系统下发控制指令至服务网关机，服务网关机将指令传送至相应辅助设备，以实现对变电站辅助设备的远方控制操作。

（三）变电站与集控系统安全Ⅳ区数据传输

变电站通过远程智能巡视主机与集控系统安全Ⅳ区的智巡系统区数据交互。

站端远程智能巡视主机与集控系统远程智能巡视服务器采用 TCP 协议采集数据、同步任务、下发控制指令等，并采用 Q/GDW 10517.1《电网视频监控系统及接口 第 1 部分：技术要求》中接口 B 协议传输视频信息，采用 FTPS 安全文件传输规范，传输可见光照片、红外图谱、音频等文件。

站端远程智能巡视主机存储图片、音频、缺陷视频等文件存储时间应不少于 1 年；远程智能巡视主机存储巡视结果、告警数据等结构化数据存储时间应不少于 3 年。

1．站端传至主站信息

变电站远程智能巡视主机负责采集视频、机器人、声纹装置及无人机等巡视系统的数据信息，并通过综合数据网传送至远程智能巡视集中监控系统，主要包含以下信息：

（1）巡视采集的原始文件，包括可见光图片、红外图片、红外图谱、音频文件、视频文件等。

（2）设备点位模型、巡视设备模型（含台账）、任务模型等文件。

（3）视频数据。

（4）巡视设备的运行数据、坐标、巡视路线、异常告警数据、环境数据、机巢状态数据、机巢运行数据。

（5）巡视任务状态数据、巡视结果。

（6）摄像机累计离线次数、累计巡检天数、出勤率、巡视点位漏检率、巡视任务执行闭环率、巡视告警人工审核完成率、巡视告警准确率、巡视结果人工审核完成率等可靠性指标数据。

2．主站下发至站端的指令

远程智能巡视集中监控系统（集控系统的一部分）通过综合数据网传输下发召唤控制指令至站端远程智能巡视主机，相关信息主要包括：

（1）任务同步、点位同步交互指令。

（2）任务下发、任务控制等巡视任务管理指令。

（3）无人机、机器人控制指令。

（四）新一代集控系统与变电站数据网宽带应满足的要求

（1）变电站与集控系统安全区Ⅰ、Ⅱ间通信宜采用双路调度数据网通道，单路接入通道带宽应不小于集控站需求。

（2）集控系统与备用集控系统安全区Ⅰ、Ⅱ间通信应采用双路调度数据网通道，单路接入通道带宽不小于100Mbit/s。

（3）变电站与集控系统安全区Ⅳ间应采用1路综合数据网通道，接入通道带宽不小于30Mbit/s。

第三章 集控站监控运行管理

第一节 一 般 规 定

变电监控运行应按照确保安全、兼顾效率的原则，开展对变电设备的集中监视控制在满足变电站主辅设备监控的技术条件下，根据电网结构、站所规模、设备状况等情况合理配置监控场所、系统、人员、排班方式。

监控班应明确岗位职责，主要负责所辖变电站主辅设备监控工作，从事设备监视、远方操作、缺陷管理、故障异常处置、应急管理等相关工作。

第二节 集控站监控班管理

一、监控班岗位职责

（一）班长职责

（1）负责贯彻执行各种规程、规章制度，完成相关工作任务。

（2）负责组织制定监控班工作计划、应急预案，组织完成各类报表、总结的审核上报。

（3）负责组织完成管辖范围内变电设备的日常监控安全运行及运行管理工作，负责安排恶劣气候、节假日、重大保供电等特殊情况下的值班工作。

（4）全面负责班组各项安全工作，落实本班安全生产责任制，加强安全思想教育，组织开展安全活动、危险点分析预控等工作。

（5）负责掌控管辖范围内变电设备状况，核实设备缺陷，督促消缺；负责组织开展运行及故障异常处置分析会。

（6）负责做好新、改、扩建工程的准备工作，组织集控系统设备监控信息、画面等验收工作。

（7）负责组织编制及完善本班组的运行规程和管理细则，监督本班组人员岗位责任制的落实。

（8）负责组织班组参加集控站专项应急演练。

（9）负责审查班组培训计划，组织完成班组培训任务。

（10）负责落实班组建设工作和班组文明生产工作，实现班组标准化建设管理。

（二）副班长（安全员）岗位职责

（1）协助班长贯彻执行监控相关的各种规程、规章制度，完成相关工作任务。

（2）在班长指导下，配合完成管辖范围内变电设备的日常监控安全运行及运行管理工作；协助班长完成恶劣气候、节假日、重大保供电等特殊情况下的值班工作。

（3）协助班长开展班组各项安全管理工作，落实本班安全生产责任制。

（4）制定安全活动计划并组织实施，开展安全教育，负责班组安全考核。

（5）协助班长掌控、核实设备缺陷，督促消缺；协助班长开展故障异常处置等各项专项分析。

（6）协助班长做好新、改、扩建工程的准备工作，完成集控系统设备监控信息、画面等验收工作。

（7）协助班长参与集控站专项应急演练相关工作。

（8）协助班长开展落实班组建设工作和班组文明生产工作。

（三）副班长（专业工程师/技术员）岗位职责

（1）协助班长贯彻执行监控相关的各种规程、规章制度，完成相关工作任务。

（2）在班长指导下，配合完成管辖范围内变电设备的日常监控安全运行及运行管理工作，协助班长完成恶劣气候、节假日、重大保供电等特殊情况下的值班工作。

（3）负责制定本班工作计划，编制修订应急预案，完成各类报表、总结的编制。

（4）负责全班的技术工作和技术资料管理，负责编写、修订相关规程、典型操作票、故障、异常处理应急预案等技术资料。

（5）负责编制本班培训计划，完成本班人员的技术培训工作。

（6）协助班长参与集控站专项应急演练相关工作；协助班长掌控、核实设备缺陷，督促消缺；协助班长开展故障异常处置等专项分析。

（7）协助班长做好新、改、扩建工程的准备工作，完成集控系统设备监控信息、画面等验收工作。

（8）协助班长开展落实班组建设工作和班组文明生产工作。

（四）监控员值长岗位职责

（1）负责统筹安排本值各项工作。

（2）认真执行相关的各种规程、规章制度。

（3）负责本值值班期间对管辖范围内变电站主辅设备运行情况的监视工作，发现故障或异常及时向调度及有关部门汇报并通知运维人员，并按规定进行处置；负责开展故障分析和总结，形成分析报告。

（4）组织本值人员完成与调度、运维人员核对调度预令、设备运行方式等，核对正确后，完成正式调度指令的接收与执行。

（5）负责完成本值内的工作危险点分析及预控。

（6）负责组织填写和审查本值的各种记录，做好日常各项工作，组织做好交接班工作。

（7）负责组织本值人员按计划做好培训和技术资料收存管理工作。

（8）负责集控系统设备监控信息、画面等验收及有关生产准备工作。

（9）参与集控站专项应急演练。

（10）负责完成上级布置的其他工作。

（五）监控员正（副）值岗位职责

（1）按照值长安排开展各项工作。

（2）认真执行相关的各种规程、规章制度。

（3）负责监视值班期间管辖范围内变电站主辅设备运行情况，做好日常各项工作，及时确认、处置告警信息。

（4）接收、执行调度指令，正确完成管辖范围内变电站主设备的遥控、遥调、远方顺控等工作；开展辅助设备远程控制。

（5）负责开展无功电压运行监视，根据调度指令进行受控设备的调整。

（6）管辖范围内变电站主辅设备异常、故障状况下，收集整理相关信息，及时向相关调度汇报，并按调度指令进行处理，通知运维人员进行现场故障及异常检查确认。

（7）管辖范围内变电站全部或部分失去远方监控功能时，应通知相关专业人员立即赶赴现场检查处理，无法及时恢复时，应通知运维人员现场值班，移交监控职责，并汇报调度及相关部门。

（8）协助调控中心对网络安全运行重要及以上安全事件类告警总信号进行监视。

（9）完成各项记录和交接班工作。

（10）负责对集控系统设备监控信息、画面等验收及有关生产准备工作。

（11）参与集控站专项应急演练。

二、值班管理

（1）有人值班变电站由驻站值班人员负责主辅设备监视，无人值班变电站由监控班值班人员负责主辅设备监视。

（2）监控值班采用轮班制，实行 24h 不间断监视，监控人员数量应考虑设备规模增长统筹配置，每值至少 3 人，且至少配置一名监控值长或正值。监控人员应按批准的倒班方式值班，宜采用五值三运转；值班期间必须坚守工作岗位，未经批准不得擅自调班。

（3）监控员在值班期间，应统一着装，保持工作区域整洁。

（4）监控员在值班期间，应严格执行规章制度，遵守劳动纪律，不应进行与工作无关的其他活动。

（5）监控员在值班期间，与各级调度、运维人员进行业务联系时应使用普通话及标准的调度术语，并做好录音、记录。

（6）监控员因故离岗 1 个月以上，上岗前应跟班实习 1～3 天，熟悉变电站的设备情况后方可能恢复工作。

（7）监控员因故离岗连续三个月以上者，应重新培训并履行电力安全规程考试和审批手续，方可返岗工作。

（8）监控人员必须经过监控培训，具备调度业务联系资格，且监控资格考试合格后，方可上岗。具备调度业务联系资格的监控员人数应满足各级调度业务管理部门相关要求。

（9）发生公共卫生事件、自然灾害等特殊时期或紧急情况下，监控版应合理调整值班模式和交接班方式，必要时可启用备用值班场所或调整监控管辖范围，且履行确认手续。

三、监控班交接班

（一）一般管理

（1）值班监控人员应按时进行交接班，严格履行交接班手续，在完成交接手续之前，不得擅离职守。若接班人员无法按时到岗，应提前告知，并由交班值人员继续值班。

（2）交班值长应审核当班运行记录，检查本值工作完成情况。交班人员提前将各项资料准备齐全，清理值班场所，做好交班准备。

（3）交班人员提前做好交班准备工作，接班人员应提前进入值班室了解上一次交班后至接班期间的工作情况，按照规定做好接班准备。

（4）交接班期间，一般不进行重大操作。在处理故障异常、倒闸操作时，不得进行交接；待处理告一段落后，再行交接。交接班时发生故障异常，应停止交接，由交班人员处理；接班人员在交班值长的指挥下协助工作。

（5）交接班应做到交接两清，防止出现漏交、误交；交班人员对交班内容的正确性负责。接班人员应认真听取交班内容，如有疑问，应立即提出，交班人员应予以解答。

（6）因交班人员未交代或交代不清发生问题，由交班人员负责。因接班人员未按规定检查或检查不细发生问题，由接班人员负责。

（二）交接班方式

（1）交接班应在交班值长的主持下进行，由交班值长负责具体交接班内容，同值监控人员补充。交接班人员应严肃认真，保持良好秩序，其他人员不得无故干涉交接班的正常进行。

（2）全体接班人员对交班内容无疑问后，经接班值长同意并履行接班手续后，交接班工作结束，交班人员方可离开。

（3）交接班以录音、录像等方式进行全过程记录留档。

（三）交接班主要内容

（1）监控范围内的设备运行方式、重载越限、缺陷隐患、风险预警管控、异常及事故处理、无功设备调整等情况。

（2）监控范围内倒闸操作任务执行情况，包括遗留未执行操作票等。

（3）监控范围内设备检修及调试工作进展情况，包括停电计划、停电范围情况等。

（4）集控系统置牌、信息封锁及限额变更情况。

（5）集控系统信息验收情况。

（6）监控职责移交情况。

（7）集控系统、变电设备状态，在线检测系统、远程智能巡视系统、调度电话及其他技术支撑系统的运行情况。

（8）监控范围内电网重要保电情况。

（9）上级指示及其他事项。

第三节 变电设备监视管理

设备监视分为全面监视、正常监视和特殊监视。

一、全面监视

（一）定义

全面监视是指监控人员对所有监控变电站进行全面的巡视检查。监控系统具备信号自动巡视功能的，每值至少开展一次信号自动巡视，暂不具备信号自动巡视功能的，可结合监控日常工作按周期统筹组织人工巡检。

（二）全面监视内容

（1）检查变电站主辅设备运行工况。

（2）检查监控系统遥信、遥测数据是否刷新。

（3）核对监控系统置牌情况。

（4）核对监控系统信息封锁、告警抑制情况。

（5）检查监控系统时钟运行情况。

（6）检查设备状态在线监测系统和远程智能巡视系统运行情况。

（7）核对未复归、未确认监控信号及其他异常信号。

（8）核对变电站与监控系统通信通道运行情况。

二、正常监视

（一）定义

正常监视是指监控人员值班期间对变电站主辅设备事故、异常、越限、变位信息进行不间断监视。

（二）正常监视要求

（1）正常监视要求监控人员在值班期间不得遗漏监控信息，并对监控信息及时确认。

（2）正常监视发现并确认的监控信息应按照信息处理要求，及时进行处理并做好记录。

三、特殊监视

（一）定义

特殊监视是指在遇有新设备投运、重要保供电或影响电网、设备安全运行等特殊情况下，监控人员对变电站设备采取的加强监视措施。如增加监视频度、定期查阅相关数据、对相关设备间隔或变电站进行固定画面监视等，并做好事故预想及各项应急准备工作。

（二）遇有下列情况，应对变电站相关区域或设备开展特殊监视

（1）设备有严重或危急缺陷隐患，需加强监视时。

（2）新设备投运后试运行期间。

（3） 设备经过检修、改造或长期停运重新投入系统运行后试运行期间。

（4） 设备重载、过载或接近稳定限额运行时。

（5） 遇特殊恶劣天气时。

（6） 风险管控等重点时期及有重要保电任务时。

（7） 电网处于特殊运行方式时。

（8）其他有特殊监视要求时。

四、一般规定

（1）监控人员应及时将全面监视和特殊监视范围、时间、监视人员和监视情况记入运行日志和相关记录。

（2）监控人员应及时将监视、视频巡视发现的隐患、异常或故障通知运维人员，并跟踪检查和处理情况。发现隐患、异常或故障影响电网正常运行时还应汇报相关值班调度员。

五、监控职责移交和收回

（一）出现以下情况，监控人员应将相应的监控职责临时移交给运维人员

（1）监控范围内变电站全部或部分设备无法监控的。

（2）监控系统通信通道异常，监控数据无法上送监控系统。

（3）变电站设备检修、改造、告警信息频发等影响正常监控的。

（4）其他需要临时移交的情况。

（二）要求

（1）监控职责移交时，监控人员应以录音电话方式与运维人员明确移交范围、时间、移交前运行方式等内容，并做好相关记录，必要时监控人员应将移交情况向相关调度及管理人员进行汇报。

（2）监控人员确认监控功能恢复正常后，应及时通过录音电话与运维人员重新核对变电站运行方式、监控信息和监控职责移交期间异常、缺陷、故障处理等情况，收回监控职责，并做好相关记录，必要时监控人员应将移交情况向相关调度及管理人员进行汇报。

第四节　监控信息处置管理

监控告警信息是对设备监控信息处理后在告警窗出现的告警条文，是监控运行的主要关注对象，按对电网和设备影响的轻重缓急程度分为事故、异常、越限、变位和告知五类。

一、事故信息

（一）定义

事故信息是由于电网故障、设备故障等原因引起断路器跳闸、保护及安全自动装置动作出口跳合闸的信息以及影响全站安全运行的其他信息，是需实时监控、立即处理的重要信息，必要时应通知变电运维单位协助收集。事故信息主要包括：

（1）全站事故总信息。

（2）间隔事故总信息。

（3）各类保护、安全自动装置动作出口信息。

（4）断路器异常变位信息。

（5）消防火灾告警信息。

（二）处理流程

监控人员监视到事故信息，应立即向值班调度员简要汇报事故情况，并通知运维人员现场检查确认，判断事故信息为误发时，符合缺陷定性标准的，启动缺陷管理流程，通知相关专业处理，非误发时按下列流程处理。

（1）监控人员汇报值班调度员后，应迅速收集、整理详细事故信息（包括发生时间、厂站及设备名称、主要保护动作信息、断路器跳闸情况、故障录波及测距等），并根据事故信息进行初步分析判断，及时将有关信息向值班调度员做详细汇报。

（2）事故信息处理过程中，监控人员应按照值班调度员的指令进行操作，操作前通知运维人员，操作完成后，及时汇报值班调度员。

（3）事故信息处理过程中，若遥控操作失败，监控人员应立即向值班调度员汇报，并按值班调度员指令处理。

（4）事故信息处理结束后，监控人员应及时与现场运维人员核对现场设备运行状况、状态，确认相关信号已复归。

（5）监控值长负责开展故障分析和总结，形成分析报告。

二、异常信息

（一）定义

异常信息是反映电网和设备非正常运行情况的告警信息和影响设备遥控操作的信息，直接威胁电网安全与设备运行，是需要实时监控、及时处理的重要信息。异常信息主要包括：

（1）一次设备异常告警信息。

（2）二次设备、回路异常告警信息。

（3）自动化、通信设备异常告警信息。

（4）辅助设备异常告警信息。

（5）其他设备异常告警信息。

（二）处理流程

监控人员监视到异常信息，应进行初步判断，及时通知运维人员现场检查确认。判断异常信息为误发时，符合缺陷定性标准的，启动缺陷管理流程，通知相关专业处理；非误发时按下列流程处理：

（1）监控人员启动缺陷管理流程，通知相关单位处理；判断异常信息对人身、电网、设备有严重威胁并可能造成事故时，应立即汇报值班调度员，按照值班调度员的指令处理。

（2）监控系统出现通道中断、主站系统异常时，当值监控人员应通知监控系统运维人员。

（3）异常信息消除后，监控人员应与运维人员核对设备的监控信息无误，做好相关记录。

三、越限信息

（一）定义

越限信息是反映重要遥测量超出告警上下限区间的信息。重要遥测量主要有设备有功功率、无功功率、电流、电压、变压器油温等，是需实时监控、及时处理的重要信息。

（二）处理流程

监控人员监视到越限信息，应进行初步判断，及时通知运维人员现场检查确认。判断越限信息为误发时，符合缺陷定性标准的，启动缺陷管理流程，通知相关专业处理；非误发时按下列流程处理：

（1）监控人员发现变电站越限信息后，应迅速进行分析判断，必要时向值班调度员汇报（包括变电站及设备名称、发生时间、越限值、设备运行状况等），并通知运维人员现场检查确认。

（2）监控人员处理越限信息时，应根据调度指令进行，若采取措施后仍无法消除越限，应立即汇报相关调度。

四、变位信息

（一）定义

变位信息是指反映一、二次设备运行位置状态改变的信息，主要包括断路器（开关）分合闸位置，保护软连接片投／退等位置信息。该类信息直接反映电网运行方式的改变，是需要实时监控的重要信息。

（二）处理流程

监控人员监视到变位信息，应进行初步判断，及时通知运维人员现场检查确认。判断变位信息为误发时，符合缺陷定性标准的，启动缺陷管理流程，通知相关专业处理；判断变位信息为非正常变位时，应通知运维人员现场检查确认，并汇报值班调度员，按照事故信息处理流程处理。

五、告知信息

告知信息是反映电网设备运行情况的一般信息，主要包括设备操作时发出的伴生信息以及故障录波器、收发信机的启动、保护启动等信息。该类信息需定期查询。

六、监控信息管理

变电运维检修中心负责告知类监控信息的定期统计，并向设备管理部门反馈，由设备管理部门组织开展告知类监控信息的分析和处置。

第五节　远 方 操 作

监控员进行远方操作应服从相关值班调度员统一指挥，监控人员负责设备远方操作，并对执行指令的正确性负责。

一、远方操作范围及禁止操作的内容

（一）可由监控人员远方操作的项目

（1）拉合断路器的操作（含正常停送电，故障停运线路远方试送操作、负荷倒供、解合环等方式调整操作，小电流接地系统查找接地时线路试送操作，其他按调度紧急处置措

施要求的操作)。

(2)调节变压器分接头(遥调)。

(3)远方投切电容器、电抗器等无功调节设备。

(4)运行、热备用、冷备用间状态转换的远方顺控操作。

(5)远方投退软连接片,定值区切换、信号远方复归等二次设备操作。

(6)安防、消防、在线智能巡视等辅助设备设施远程控制。

(7)经单位批准的其他遥控操作。

(二)设备遇有下列情况时,不允许进行监控远方操作

(1)设备未通过遥控验收。

(2)集中监控系统异常影响设备远方操作。

(3)一、二次设备出现影响设备远方操作的异常告警信息。

(4)设备正在进行检修时(遥控验收除外)。

(5)不具备远方同期合闸操作条件的同期合闸。

(6)设备运维单位明确开关不具备远方操作条件。

(7)设备正在进行就地操作时。

(8)遇有下列情况,不得进行主变有载遥调操作:

1)主变有载调压开关调压次数达极限值时。

2)主变有载调压开关油耐压不合格时。

3)主变有载调压开关机构滑挡及其他缺陷。

4)主变过负荷达风险预警限值时。

5)主变有载轻瓦斯保护动作时。

6)主变报过载闭锁有载调压信号时。

二、远方操作要求

(一)一般要求

(1)监控人员按监控范围接受、执行调度指令,正确完成规定范围内的远方操作;负责与相关调度、运维人员之间进行监控远方操作有关的业务联系;负责监控范围内无功电压调整。

(2)监控员执行的调度操作任务,应由调度员将操作指令发至监控员。监控员对调度操作指令有疑问时,应询问调度员,核对无误后方可操作。

(3)监控远方操作前,值班监控员应考虑设备是否满足远方操作条件以及操作过程中的危险点及预控措施。

(4)监控远方操作中,若发现电网或现场设备发生事故及异常,可能影响操作安全时,监控员应立即终止操作并报告调度员,必要时通知运维单位。

（5）监控远方操作中，若监控系统发生异常或遥控失灵，监控员应停止操作并汇报调度员，同时通知相关专业人员处理。

（6）监控人员操作应在专人监护下进行，必须严格按照接令、复诵、填票、审核、预演、风险分析、监护操作、状态确认、汇报等流程开展。

（7）监控人员应按照调度指令进行远方操作，操作一次设备前应通知现场人员远离操作设备，操作后向值班调度员汇报并做好记录。

（8）监控人员远方操作时，应核对变电站一次系统图和间隔分画面系统图正确，并在间隔分画面上操作，确保远方操作无误。

（9）监控人员在运维人员现场操作时不得对该设备进行远方操作。

（10）远方操作时监控系统应具备完善的防止电气误操作（以下简称“防误”）功能，正常情况下，防误装置严禁解锁或退出运行。特殊情况下防误装置的解锁，按相关规程规定执行。

（11）设备未通过远方操作验收、出现影响远方操作的设备异常告警信息、断路器操作或跳闸已超过规定次数时，不得对该设备进行远方操作。

（12）经本单位总工程师（技术负责人）批准，有可靠的确认和自动记录手段的设备、项目允许单人操作，操作人员应通过单位组织的专项考核。

（二）远方遥控操作流程

（1）接令时，发令人和受令人应先互报单位和姓名。接令完毕，受令人应向发令人复诵一遍，并得到发令人确认。对调度指令有疑问时，应及时向发令人询问清楚无误后执行。

（2）由操作人员根据调度指令填写操作票，操作票填写后，监护人进行审核。

（3）操作人员应结合调度指令核对系统方式、设备名称、编号和位置，进行模拟预演，模拟预演完成后应再次核对新运行方式与调度指令相符。

（4）执行操作时，应实行监护操作，监护人唱诵操作内容，操作人对照间隔图进行复诵，监护人确认无误后发出“正确、执行”指令，操作人立即进行操作。

（5）操作完成后，应通过监控系统检查设备的状态指示、遥测、遥信的变化情况。判断时，通过至少两个非同源的状态指示在一定时间范围内发送对应变化来确认操作后设备的状态和位置。若监控人员对遥控操作结果有疑问时，应通知运维人员现场核对设备状态，待查明情况后，再进行下一步操作。

（6）监控远方操作完成后，监控员应及时向值班调度员汇报操作情况。

（三）远方操作异常处置

（1）监控人员遥控操作中，若电网发生异常或故障且影响操作安全时，应暂停操作并汇报值班调度员。

（2）监控人员遥控操作中，若遥控失败或监控系统发生异常，应停止操作并立即汇报值班调度员，通知运维人员现场检查或专业人员处理。

(3) 倒闸操作过程若因故中断，在恢复操作时监控人员应重新进行核对（核对设备名称、编号、实际位置）工作，确认操作设备、操作步骤正确无误。

(4) 远方顺控操作过程中，如果出现操作中断，监控人员应立即停止顺控操作，通知运维人员现场检查并核对设备状态，汇报值班调度员转为常规操作。

(5) 其他远方操作出现异常时，及时联系专业人员进行处理，如暂时无法处理应启动缺陷管理流程。

(6) 遇到重大检修或新设备启动，应以现场操作为主。

第六节 一键顺控技术

一键顺控操作是一种变电站设备倒闸操作模式，可实现任务一键启动、操作步骤顺序执行、防误联锁智能校核、设备状态自动判别。

一、一键顺控操作要求及范围

（一）操作要求

(1) 顺控操作过程中，操作人和监控人密切监视操作过程，不得进行其他工作。

(2) 顺控操作应经厂站端和主站端验收合格。

(3) 严格操作步骤管控功能，当前步骤未完成或为成功时，应闭锁下一步操作。

(4) 操作人、监控人可通过顺控执行、顺控暂停、顺控继续、顺控终止等操作。

(5) 具备完善的权限管理机制，可通过数字证书、密码、指纹、人脸识别等鉴别技术中的两种或两种以上手段进行用户身份权限管理。

（二）操作范围

(1) 一键顺控操作包括母线、主变、开关、线路的运行、热备用、冷备用互转。

(2) 以下操作不在一键顺控操作范畴：

1）事故及异常处理。

2）旁路代送电操作。

3）随一次方式变更需进行相关二次设备操作且无法通过操作步骤优化实现顺控的倒闸操作。

4）主变中性点方式倒换。

5）主变各侧开关目标不一致。

6）线路停送电有任何一侧涉及用户或厂站的操作。

7）35kV 及以上跨调控机构的地区电网联络线。

(3) 纳入一键顺控操作范围的设备当遇有下列情况时，不允许进行顺控操作。

1）调控系统功能或辅助综合监控系统功能异常影响顺控操作。

2）一、二次设备出现影响顺控操作的事故类和异常类告警信息。

3）顺控防误功能或顺控闭锁信号库异常。

4）设备运维单位明确该间隔不具备顺控条件。

5）操作所涉及设备的全部或部分监控职责已移交变电站现场。

6）其他影响顺控操作的情况。

二、一键顺控过程管理

（一）条件确认

（1）核实设备具备顺控操作条件，如不具备操作条件应立即汇报调度。

（2）对涉及多个 AIS 间隔刀闸的顺控操作，须提前检查变电站辅助综合监控系统的一键顺控智能研判功能是否正常。

（二）操作准备

（1）接受并核对预令。

（2）核对操作任务是否符合顺控操作的指令要求。

（3）通过智能成票系统拟写并审核顺控操作票。

（4）进行用户权限校验。

（5）等待调度下令操作。

（三）操作执行

（1）接受正式调度顺控指令。

（2）操作人、监护人在顺控操作票上填写操作开始时间及姓名。

（3）核对一次运行方式，进行顺控模拟预演，预演正确后进入正式操作。

（4）点击顺控操作开始按钮，由程序按照顺控操作顺序逐项操作，监控员/运维人员对需要进行人工介入的操作项进行交互响应。

（5）顺控操作完成后，监控员/运维人员检查执行情况，并通过顺控程序自动回填的电压及电流遥测值对操作到位情况进行辅助核查。

（6）检查无误后，在操作票上填写操作完成时间。

（7）向发令人回令。

（8）对执行的一键顺控操作票应履行相关手续，并归档保存，做好相关记录。

三、一键顺控操作异常处理

（1）顺控过程中如电网发生事故或重大设备异常需紧急处理，应立即暂停顺控操作，由调度员组织进行事故或异常处理；如需中断顺控操作配合处置时，监控员/运维人员立即终止顺控操作。

（2）顺控操作过程中出现顺控应用功能异常，无法继续顺控操作时，监控员/运维人员汇报调度后，根据调度指令转为现场操作。

（3）顺控模拟预演阶段出现闭锁告警信号，监控员/运维人员应立即通过调控系统及辅助综合监控系统检查。确认无异常或经现场检查异常已消除后，可在核对调度指令及一次运行方式和二次设备状态后重新执行模拟预演流程。

（4）顺控执行阶段出现闭锁告警信号，监控员/运维人员应根据告警性质进行检查处理。

1）如告警由“提示”信号引起，顺控程序暂停并等待确认，确认无异常后继续顺控操作。

2）如告警由“终止”信号引起，顺控程序终止。变电站运维人员检查现场设备情况，并汇报调度。

第七节　监控缺陷管理

监控缺陷管理是对监控人员在监控工作中发现的变电站主辅设备、集控主站等缺陷的管理，监控缺陷管理应按照发起、处理、验收进行全流程闭环管控。

一、缺陷分类

变电设备缺陷根据缺陷对系统及设备的危害程度可分为危急缺陷、严重缺陷和一般缺陷。

（一）危急缺陷

（1）变电设备危急缺陷是指电网设备在运行中发生了偏离且超过运行标准允许范围的误差，直接威胁安全运行并需立即处理的缺陷。这类缺陷随时可能造成设备损坏、人身伤亡、大面积停电、火灾等事故。

（2）集控主站危急缺陷是指集控系统、设备和数据发生异常，严重影响监控业务，应马上处理的缺陷。其包括但不限于以下情况：集控系统关键数据或设备异常、数据网关键设备异常、安全防护设备异常、集控系统电源全停及监视或控制（操作）功能异常等。

（二）严重缺陷

（1）变电设备严重缺陷是指电网设备在运行中发生了偏离且超过运行标准允许范围的误差，对人身或设备有重要威胁，暂时尚能坚持运行，不及时处理有可能造成事故的缺陷。

（2）集控主站严重缺陷是指集控系统、设备和数据发生异常，对监控业务有一定影响，但短时期内不会引发故障，暂时尚能坚持运行但需尽快处理的缺陷。其包括但不限于以下情况：集控系统数据或设备异常、数据网设备异常及集控系统电源故障。

（三）一般缺陷

（1）变电设备一般缺陷是指电网设备在运行中发生了偏离运行标准的误差，尚未超过允许范围，在一定期限内对安全运行影响不大的缺陷。

（2）集控主站一般缺陷是指集控系统、设备和数据发生异常，对监控业务无明显影响，在较长时间内不会引发故障，但应安排处理的缺陷。其包括但不限于以下情况：不间断电源装置异常、机房相关设备设施异常及集控站大屏展示系统异常等。

二、监控缺陷的处理时限

（1）危急缺陷处理不超过24h，集控主站缺陷应在4h内进行处理或降低缺陷等级。

（2）严重缺陷处理不超过1个月，集控主站缺陷应在24h内进行处理或降低缺陷等级。

（3）需停电处理的一般缺陷不超过1个例行试验检修周期，可不停电处理的一般缺陷原则上不超过三个月。集控主站一般缺陷原则上不超过两周。

三、监控缺陷处置要求

（一）一般要求

（1）发现设备危急缺陷后，应立即通知相关调度采取应急处理措施。

（2）对于影响遥控操作的缺陷，应尽快安排处理，处理前后均应及时告知相关调度，并做好记录。

（3）监控人员应依据有关标准、规程等要求，认真开展主辅设备集中监控，通过异常告警信息，及时发现设备缺陷。

（4）运维、检修、试验人员发现的影响设备正常运行的设备缺陷应由运维人员及时告知监控人员。

（5）监控人员发现异常告警信息后，通知运维人员现场检查，运维人员现场确认为变电设备缺陷或集控主站缺陷后汇报监控人员；监控人员参照缺陷定性标准进行初步定性并登记缺陷提交至运维人员，运维人员补充缺陷信息、确定缺陷级别后提交审核查。

（6）在系统中登记设备缺陷时，应严格按照缺陷标准库和现场设备缺陷实际情况对缺陷主设备、设备部件、部件种类、缺陷部位、缺陷描述以及缺陷分类依据进行选择。

（7）对于缺陷标准库未包含的缺陷，应根据实际情况进行定性，并将缺陷内容记录清楚。

（8）对可能会改变一、二次设备运行方式或影响远方操作的危急、严重缺陷情况应向相关值班调度员汇报。对严重影响集中监控的设备、信息缺陷应实施监控信息抑制，缺陷未消除前，运维人员应加强设备巡视，承担相应监控职责。

（二）验收要求

（1）缺陷处理后，监控人员应进行验收，核对缺陷是否消除，与运维人员核对现场设备运行状态，确认相关告警信息已复归。

（2）验收合格后，待检修人员将处理情况录入设备精益化管理系统后，监控人员再将验收意见录入系统，完成闭环管理。

（3）运维人员在设备消缺后应及时告知监控人员。

第八节　设备事故（异常）处置管理

一、事故处置

（一）事故处置原则

（1）尽快限制故障发展，消除故障根源并解除对人身和设备安全的威胁。

（2）用一切可能的方法保持主网的正常运行及对用户的正常供电。

（3）尽快使各电网、发电厂恢复并列运行。

（4）尽快对已停电地区恢复供电，对重要用户应尽可能优先供电。

（5）调整系统运行方式，使其恢复正常。

（二）事故处置要求

（1）事故处理，值班监控员应在相关调度员指挥下迅速正确执行调度指令。

（2）设备发生故障后，监控人员应通知运维人员，梳理设备故障信息，实时跟踪现场设备处置情况，若为调度管辖设备，监控人员应立即向相关调度简要汇报，服从相关调度的指挥，及时准确地汇报相关信息，执行相关调度指令。

（3）设备发生异常后，监控人员应梳理异常信息，并通知运维人员，实时跟踪现场设备检查和处置情况。若判断设备异常影响人身、设备、电网安全，或异常处理涉及电网运行方式改变，应立即汇报相关调度。

（4）在运维人员到达现场前，监控人员应远程收集监控告警、保护信息、故障测距、在线监测、工业视频等相关信息，由监控人员向相关调度详细汇报。

（5）运维人员到达现场，对设备进行详细检查后，向相关调度补充汇报，依据调度指令进行后续处理和操作，并及时告知监控人员。

（6）在运维人员到达现场前，若相关调度需紧急操作，监控人员应按照相关管理规定确认条件具备后，执行调度操作指令，进行应急远方操作，实现设备隔离、方式调整和线路试送。

（7）应急远方操作原则上由监控人员执行。实施远方操作应采取防误措施，满足相应主设备、继电保护设备、自动化设备等远方操作条件，严格执行唱票、复诵、监护、录音等要求，确保操作正确。若监控人员远方操作失败，应立即停止操作，立即向值班调度员汇报，按照相应调度规程和值班调度员指令进行。监控人员应实时掌握设备操作前后状态。

（8）交接班时发生事故，应立即停止交接班，待处理告一段落后，再进行交接班；交接班时发生事故异常，应停止交接班，由交班人员处理，接班人员协助工作。

（9）事故处理结束后，监控人员应与运维人员核对现场设备运行状态，确认相关告警信息已复归，并做好记录。

（10）故障处置完毕后，进行事故处置的监控员应详细记录故障情况，及时填写事故报告并按规定向上级部门报送。

二、异常处置

（一）异常处置原则

（1）发现异常信息时，值班监控员按保人身、保电网、保设备的原则，准确、迅速处理。

（2）监控异常信息处置以“分类处置、闭环管理”为原则，分为信息收集、实时处置、分析处理三个阶段。

（二）异常处置要求

（1）异常处理时值班监控员应严格执行相关规章制度，服从值班调度员的指挥，值班监控员应与值班调度员、运维人员密切配合，及时互通信息，正确处理电网事故及异常。

（2）设备发生异常后，监控人员应梳理异常信息，并通知运维人员，实时跟踪现场设备检查和处置情况。若判断设备异常影响人身、设备、电网安全，或异常处理涉及电网运行方式改变，应立即汇报相关调度。

（3）运维人员对异常设备进行检查确认后，应及时将检查结果汇报值班监控员，判断信息为误发时，通知相关单位处理，非误发时值班监控员向值班调度员进行汇报，根据调度员的指令进行异常及缺陷处理。缺陷消除后，现场运维人员应及时汇报值班监控员。

（4）监控系统发生异常，造成受控站部分或全部设备无法监控时，值班监控员应通知自动化人员处理，并将设备监控职责移交给现场运维人员。在此期间，现场运维人员应加强与值班监控员联系。缺陷消除后，值班监控员应与现场运维人员核对站内信息正常后，将设备监控职责收回，并做好相关记录。监控职责的移交应及时汇报相关调度。

（5）异常处理结束后，监控值班长负责组织开展异常信分析和总结。

（6）对于频发异常信息应及时通知变电运维人员进行处理。

第九节 电压调整及无功管理

一、一般规定

（1）电网无功补偿和电压调整遵循分层分区、就地平衡的原则。

（2）无功补偿及调压装置应定期维护，发生故障时应及时修复，保证无功补偿及调压装置可用率达到要求。

（3）值班监控员按照集中监控范围有关电压考核点和电压监视点的运行电压要求进行电压监视，当发现电压超出合格范围时，应立即汇报相关值班调度员，立即按照“无功就地平衡”原则调整无功，控制母线电压在合格范围内。

二、电压调整

（1）经过调整电压仍超出合格范围时，可申请上级调控机构协助调整。主要措施包括：

1）投切电容器、电抗器，调整可控高压电抗器挡位等措施控制母线电压在合格范围内。

2）在无功就地平衡前提下，主变为有载调压分接头时，可带负荷调整主变分接头运行位置。

3）调整电网接线方式，改变潮流分布，包括转移部分负荷等。

（2）110、35kV 母线电压合格范围：

1）上限不高于额定电压的 1.1 倍。

2）下限不低于额定电压的 0.97 倍。

3）110kV 母线电压日偏差幅度不大于额定电压的 5%，35kV 母线电压日偏差幅度不大于额定电压的 7%。

三、自动电压控制（AVC）

（一）一般管理规定

（1）AVC 系统的子站投入或退出，必须经当值调度员许可。

（2）电网发生事故或紧急异常情况时，当值调度员根据电网运行情况许可值班监控员将 AVC 主站由闭环控制模式切换到开环控制模式，以保证电网的安全运行。

（3）AVC 主站发生异常时，当值调度员确认 AVC 主站已由闭环控制模式切换到开环控制模式，并通知自动化专业人员迅速处理。

（4）AVC 子站出现紧急异常情况，子站现场值班人员应立即将 AVC 切换到“就地控制”模式，并向相应调控机构当值调度员报告，同时通知专业人员进行处理。

（5）AVC 主站或子站退出运行期间，值班监控员、厂站运行值班人员应按照调控机构下发月度的电压曲线监控厂站母线电压。

（6）AVC 系统正常运行中不得修改软件中设定的计算和控制参数；未经相应调控机构许可，不得修改人机界面中的设定参数。

（7）AVC 子站设备因缺陷不满足相关技术规定时，子站运维单位应制定相应整改方案和计划，并正式上报相应调控机构，待批准后方可进行整改。

（8）自动电压控制（AVC）系统异常，不能正常控制变电站无功电压设备时，监控员应汇报地调，将受影响的变电站退出 AVC 系统控制，并通知相关专业人员进行处理。退出 AVC 系统控制期间，监控员应按照电压曲线及控制范围调整变电站母线电压。

（9）AVC 系统控制的变电站电容器、电抗器或变压器有载分接开关需停用时，监控员应按照相关规定将相应间隔退出 AVC 系统。

（10）未纳入 AVC 系统进行闭环控制的电容器、电抗器、有载调压变压器，监控员应根据相关调度颁布的电压曲线及控制范围进行投切、调挡，并按调度指令执行，操作完毕后做好记录。

（二）AVC 运行管理

（1）任何人员需要进入变电站的高压配电室、设备区时，应由变电运维人员告知当值监控员，同时向监控员申请闭锁该站内相应高压配电室或设备区电容器的 AVC 自动调整功能。

（2）值班监控员向值班调度员申请闭锁该站相应高压配电室或设备区 AVC 自动调整功能，值班监控员根据调度指令闭锁该站相应电容器 AVC 自动调整功能，并改为手动操作后，通知运维值班人员。监控员根据电压情况实时进行电压调整，投退电容器前均应告知现场变电运维人员。

（3）现场工作结束，不再需要进入高压配电室、设备区时，应由变电运维人员告知值班监控员，同时向值班监控员申请恢复该高压配电室、设备区内所有电容器的 AVC 自动调整功能，值班监控员向值班调度员申请投入该站 AVC 自动调整功能，值班监控员根据调度指令投入该站相应电容器的 AVC 自动调整功能，并告知现场变电运维人员。

（4）由于变电站电容器、电容器开关、调度自动化系统等原因电容器不具备自动投入功能时，值班监控员及时向值班调度员申请退出电容器 AVC 自动调整功能。

第十节　变电设备监控统计分析管理

一、监控运行分析定义

监控运行运行分析是对集中监控系统及附属设备、现场主辅设备运行状况进行分析，使监控员掌握电网、监控系统及其附属设备等的现状，找出存在的薄弱环节，制定防范措施，提高运维监控工作质量和管理水平。

二、监控运行分析分类

变电设备监控统计分析包括定期统计分析和专项分析。

（一）定期统计分析

（1）定期统计分析包括周、月度和年度统计分析。其主要内容包括：

1）变电站与集控站的整体、新增及异动等情况。

2）电网运行事故、变电设备故障、缺陷和异常、集控系统及附属设备的缺陷、作业风险、倒闸操作、远程智能巡视等情况。

3）监控信息接入、监控信息分析、设备远方操作、设备重过载等情况。

4）变电运维和设备监控运行人员及运行效率分析。

5）集控站、集控系统、备用监控系统、数字特高压、一键顺控、远程智能巡视系统的建设及运行情况。

6）变电站消防、防汛、反恐能力的建设及提升情况。

7）数字化转型、运维监控专业融合等专项工作推进情况。

8）其他需要分析通报的事项。

（2）定期统计分析要求：

1）监控员应对每日监控运行情况进行数据统计和初步分析，为定期统计分析提供有效支撑。每日数据统计和初步分析内容宜通过技术支持统自动生成。

2）每周数据开展趋势变化统计分析，形成变电设备监控统计分析周报。

3）每月对上月变电运维监控工作进行汇总分析，提炼突出问题，制定相应解决措施，形成统计分析月报。

4）每月对上月变电运维工作进行汇总分析，提炼突出问题，制定相应解决措施，形成变电设备监控统计分析月报并上报。

5）每年统计分析上一年度运维监控运行情况，形成年度分析总结报告。

（二）专项分析

专项分析主要对变电专项工作和运行工作中发现的问题进行汇总分析，提出整改要求和相关事项。其主要内容包括：

（1）监控与运维专业融合、数字化转型等专项工作分析。

（2）因自然灾害、事故灾难、突发公共事件等特殊情况造成电网运行异常或设备故障，处置情况及电网设备恢复情况的专项分析。

（3）对220kV以上变电设备故障跳闸、110kV以上变电站全停事件进行专项分析。

（4）对运行工作中发现的家族性缺陷、告警信息缺失、信息上送异常、事件合成错误、设备操作异常等特定问题开展专项分析，制定整改措施。

（5）其他需要专项分析的事项。

第十一节　监控记录管理

一、监控记录的要求

监控记录是监控人员对监控运行中所有工作及设备情况的详细记录。应通过系统进行记录，系统无法记录的内容可通过电子文档或纸质形式予以补充，至少保存一年，重要记录应长期保存。

监控记录的填写应及时、准确和真实，便于查询。监控班班长（副班长）应每月对监控记录进行审核并做好记录。

二、监控记录内容

（1）监控记录包括监控运行日志、故障跳闸记录、监控缺陷记录、监控职责移交记录、新（改、扩）设备纳入集中监控记录、调度令接收（转发）记录、监控操作记录、事故预想记录、反事故演习记录等。

（2）监控运行日志是监控人员对当班期间所有工作及设备运行情况的详细记录。记录内容包括：交接班记录、巡视记录、设备运行情况、设备运行方式变动情况、监控信息告警及处置情况、设备故障跳闸、异常及处置情况、越限及处置情况、监控系统缺陷情况、调度指令接收（转发）记录及远方操作记录，以及其他需要移交或明确的工作，如重要保电要求、上级指示及运行注意事项、现场业务联系记录等。其中故障跳闸记录、监控缺陷记录、监控职责移交记录、新（改、扩）设备纳入集中监控记录、调度令接收（转发）记录及远方操作记录需单独进行专项记录，同时自动生成监控运行日志内容。

三、具体记录内容

（1）故障跳闸记录是监控人员对设备故障跳闸事件的规范记录。记录内容包括：跳闸时间、电压等级、设备类型、变电站、设备名称、跳闸情况、故障信息、重合情况、天气情况、汇报调度时间、调度联系人、通知运维人员时间、运维联系人员、恢复送电时间、试送结果。

（2）监控缺陷记录监控缺陷记录是监控人员对监控缺陷情况的规范记录。记录内容包括：变电站、设备类型、缺陷分类、缺陷发现时间、缺陷内容、缺陷填报人、消缺记录、消缺时间、消缺记录人。

（3）监控职责移交记录是监控人员对监控职责移交的规范记录。记录内容包括：移交开始时间、移交原因、移交范围、运维接收单位、运维接收人、监控移交人、职责收回时间、运维联系人、监控收回人、移交总体时长。

（4）新（改、扩）建设备纳入集中监控记录是指新（改、扩）建设备纳入集中监控范围的规范记录。记录内容包括：新（改、扩）建设备名称、移交时间、移交资料。

（5）调度指令接收（转发）、记录是指监控班对调度指令接收规范记录。记录内容包括：发令调度机构、发令人、正（预）令发令时间、发令类型、调度指令内容、监控接令人、监控接令时间、监控回令人、监控回令时间。

（6）远方操作记录是监控人员对当班期间完成的操作相关信息的规范记录。记录内容包括：操作类别、变电站名称、被操作的设备/间隔/光字牌/信息、操作内容、操作原因、操作起止时间、操作人员、操作步数，有调度发令的还需记录发令单位、发令人员和发令时间。计划性停复役操作、远方试送操作、故障紧急处置操作、无功电压人工调整操作、软连接片操作、远方顺控操作记入一、二次设备操作记录；拆挂牌操作、信息封锁抑制操作、辅助设备控制操作记入其他类型操作记录。

（7）事故预想记录是监控人员每月独立完成的事故预想相关记录。记录内容包括：事故预想题目、事故现象和处置经过，以及监控班班长（副班长）定期检查评价的结果。

（8）反事故演习记录是监控人员每季度完成反事故演习的相关记录。记录内容包括：演习人员、主持人、参与人员、演习变电站、演习题目、演习起始时间、详细事故现象、处置经过，以及针对演习的评价和整改措施。

第四章　集控站监控运行风险辨识及防范措施

集控站监控运行风险辨识及防范措施以防止人员责任事故、保障设备安全为主线，辨识设备集中监控工作过程中存在的危险因素，提出相应的控制措施。主要内容包括综合安全、监控运行、设备监控管理、技术支持系统等方面。其中综合安全主要围绕安全管理体系建设、流程管控、制度建立等方面开展辨识防范；监控运行主要围绕值班人员安排、交接班、实时监视、设备巡视、远方操作以及事故与异常处置等方面开展辨识防范；设备监控管理主要围绕监控信息管理、信息联调验收、集中监控许可、监控运行分析等方面开展辨识防范；技术支持系统主要围绕各项技术支持系统如监控系统、调度生产管理系统、变电设备状态在线监测系统等方面开展辨识防范。

第一节　综合安全管理及人员业务安全管控风险辨识及防范措施

综合安全管理及人员业务安全管控主要围绕安全管理体系建设、风险管控、业务流程制定、制度建立等方面开展辨识防范，制定相应的控制措施，提高人员安全管控。具体风险辨识及防范措施见表 4-1。

表 4-1　　综合安全管理及人员业务安全管控风险辨识及防范措施

序号	辨识项目	风险内容	防范要点	典型控制措施
1	安全管理体系			
1.1	安全责任体系及安全目标	未严格落实各级安全生产责任制，未明确安全生产目标，导致安全管理不到位	建立安全生产责任制及落实、考核情况	（1）制定中心、处室（班组）安全生产责任制 （2）按照要求制定明确的设备监控安全生产目标 （3）定期开展考核，建立落实奖惩制度
1.2	安全保障体系	未建立系统的安全生产保障体系，安全保障不力，导致安全隐患	建立安全保障机制及配套制度	建立中心、处室（班组）两级安全保障体系，责任到人，措施到位
2	风险管控			
2.1	监控安全分析	未按照安全分析制度开展相应的工作，导致安全风险不能提前辨识、防范	安全分析制度的落实	（1）认真落实设备监控安全分析制度 （2）结合实际，按要求开展工作

续表

序号	辨识项目	风险内容	防范要点	典型控制措施
2.2	监控运行分析	未按照监控运行分析制度开展相应的工作，导致监控运行存在的问题和隐患不能提前辨识、防范	监控运行情况的分析	（1）结合实际定期开展设备监控运行分析 （2）开展事故后专项分析 （3）根据分析结论落实改进
2.3	规程、制度制定和修订	未按规定及时制定、滚动修订规程和制度，导致设备监控安全生产隐患	制定、修订相关规程和制度	及时制定、修订保障生产运行的各种制度
2.4	安全隐患排查治理	未能及时开展安全隐患排查治理，导致安全事故发生	实施隐患排查治理工作闭环管理	（1）应定期对电网安全隐患进行排查、及时提出具体整改措施 （2）对隐患整改方案的实施过程进行监督，对整改结果进行分析、评估，实现安全隐患排查的闭环控制 （3）对暂不能消除的安全隐患制定临时应对方案
2.5	消防、信息安全分析	未按照消防、信息安全分析制度开展相应的工作，导致安全风险不能提前辨识、防范，发生消防、信息异常事件和事故	执行消防、信息安全分析制度	（1）结合实际开展监控值班场所消防工作 （2）开展信息安全运行分析 （3）根据分析结论落实改进各项安全措施
3	流程控制			
3.1	监控主要生产业务流程制定	设备监控各项安全生产流程不清晰，各节点的安全责任不明确，工作界面和标准不统一，导致安全生产隐患	生产流程的规范性与标准化	（1）对监控主要生产业务流程进行梳理，固化后形成统一的规范 （2）以流程图和工作标准形式对监控安全生产主要业务描述详细、准确，明确各个节点的工作内容、要求和结果形式等 （3）生产实践中严格执行流程的规范性与标准化
3.2	监控主要生产业务流程控制	生产业务主要流程节点控制不到位，未能实现流程上下环节的核查和相互监督，导致安全生产隐患	业务流程节点控制监督	（1）对监控主要业务必须建立职责明确、环节清晰、闭环控制的工作流程 （2）定期组织各专业间的沟通交流、强化安全内控机制建设，做到“四个凡是” （3）各节点履行安全生产责任，实现流程上下环节的核查和相互监督
3.3	职责界面划分	工作职责界面不清，导致工作混乱，业务流程不畅	与相关专业划清工作职责界面	（1）明确设备监控生产业务流程中相关专业的职责界面 （2）严格执行作业流程，按各自职责有序开展工作
4	分析改进			
4.1	反事故措施	未认真落实上级下发的反事故措施，未制定设备监控实施计划	落实措施计划并严格执行	（1）制定切实可行的反措落实计划 （2）严格执行反措计划
4.2	落实情况监督	措施落实监督不到位，不能及时消除监控系统安全隐患	执行措施，实现闭环管理	处室（班组）安全员要督促本专业防范措施的落实及隐患整改全过程
5	人员安全管控			
5.1	人员业务素质	监控相关人员未定期开展生产人员业务培训，造成生产人员不完全具备应有的业务素质和业务资质，造成安全生产隐患	组织业务培训考试	（1）监控相关人员应具备符合岗位需要的基本业务素质并通过岗位资格认定 （2）定期开展监控相关人员业务培训并进行效果评估

第二节　监控运行管理及设备监视操作处置风险辨识及防范措施

监控运行管理及设备监视操作处置主要围绕监控值班人员安排、交接班、实时监视、设备巡视、远方操作以及事故与异常处置等方面开展辨识防范，制定相应的控制措施，提高监控运行管理及设备监视操作处置水平。具体风险辨识及防范措施见表4-2。

表4-2　　监控运行管理及设备监视操作处置风险辨识及防范措施

序号	辨识项目	风险内容	防范要点	典型控制措施
1	监控值班人员安排			
1.1	监控值班人员身体状态	值班监控员身体状态不佳，无法正常监控电网运行	良好的身体状态	（1）接班前应保证良好的休息，必要时提出调整班次要求 （2）接班前12h应自觉避免饮酒 （3）当班时应保持良好工作状态，不做与工作无关的事情 （4）当班前进行身体状态确认，身体健康状况不佳不宜在监控岗位值班，必要时安排调整班次 （5）合理安排监控员倒班，确保监控员当班前有合理的休息时间 （6）不允许连班值班
1.2	监控值班人员精神状态	值班监控员情绪不佳，精力不集中，无法胜任值班工作	良好精神状态	（1）接班前调整好精神状态，处理好家庭与工作关系，避免情绪异常波动 （2）情绪异常波动、精力无法集中的，不安排当班
1.3	值班安排不合理	（1）轮班方式不合理，导致监控人员连续值班疲劳工作，精神状况不佳 （2）值班力量安排不合理或安排人员不能胜任工作	合理安排轮班方式	（1）合理安排监控员倒班，确保监控员当班前有合理的休息时间 （2）不宜连班值班24h以上 （3）根据实际工作情况合理安排值班人员 （4）合理搭配值内技术力量，确保值班人员能胜任各自工作
1.4	值内工作分配不合理	监控工作量分配不合理、监控值班员工作职责分配不合理，导致监控人员工作分配不均、责任不清	合理分配工作量、明确工作职责	（1）根据工作任务、人员配比，合理分配工作量 （2）合理安排各值班岗位工作职责，确保监控各项工作有序开展
2	交接班			
2.1	监控日志	监控日志未能真实、完整、清楚记录电网和设备运行情况，导致误操作、信息误处置	监控日志记录正确完整	（1）监控日志包括：当值操作记录、运行方式变动情况、监控信息告警及外置情况、设备故障跳闸、异常及处置情况、越限及处理情况、监控系统缺陷情况、重要保电要求、上级指示、设备运行情况、巡视记录、现场业务联系记录
2.2	交班值准备	交班值没有认真检查各项记录的正确性，导致交班时未能正确对变电站运行方式、系统通道工况、检修置牌、信息封锁进行重点核对，造成下一值误操作	交班准备充分	（1）交班值检查监控日志记录（含设备状态），操作指令票（含SCADA及PMS系统设备状态校正），停役申请书许可终结，缺陷情况，设备变更，继电保护整定书记录等正确 （2）检查有关系统中重大操作或事故处理情况是否告一段落 （3）交班值对当值期间系统内所有告警信号进行确认，未复归的信号须做好明确记录（监控日历）

续表

序号	辨识项目	风险内容	防范要点	典型控制措施
2.3	接班值准备	接班值未按规定提前到岗，仓促接班，未经许可私自换班，未能提前掌握电网和设备运行情况，对交班内容错误理解、不能及时发现问题，造成误操作、信息误处置	制定交接班制度并按规定执行	（1）接班值按规定提前到岗 （2）加强值班考勤管理，监控员应按照批准的倒班方式轮流值班，不得擅自变更值班方式和交接班时间，如需换、替班，应经相关管理人员批准；原则上不得连班 （3）全面查看监控日志、操作指令票等交班内容 （4）查看最新运行规定、运行资料和上一班准备的材料，如危险点分析等
2.4	交接班过程	交接班人员不齐就进行交接班，交接班过程仓促、马虎对电网运行方式、检修工作、电网及设备异常和当班联系的工作等交接不清，导致接班值不能完全掌握电网运行情况，造成误操作、信息误处置、缺陷处理不及时	制定交接班制度并按规定执行	（1）交班值向接班值详细说明当前系统运行方式、检修设备、重载设备、计划工作、正在进行的电气操作、事故处理进程、存在的问题、遗留的问题等内容及其他重点事项，交接班由交班值班长（值长、正值）主持进行，同值监控员可进行补充 （2）接班值理解和掌握交班值所交代的电网情况，如有疑问应立即提出 （3）交班值须待接班值全体人员没有疑问后，方可完成交班 （4）交接班期间发生电网或监控设备事故时，应终止交接班，由交班值进行事故处理，待处理告一段落，方可继续交接班 （5）交接班结束后，接班人员和交班人员应分别在交接班日志上签名确认 （6）交接班人员不齐，人员精神状态不佳，不得进行交接班 （7）交接班过程中应严肃认真，保持良好秩序，不得做与交接班无关的事
3	日常工作联系			
3.1	业务联系要求	监控联系时未互报个人的单位、姓名，调控术语使用不规范；相关业务联系汇报不准确、不及时，汇报内容不完整，导致对电网和设备情况不能及时准确了解，造成误操作或者信息误处置	规范监控联系方式，汇报应及时准确	（1）监控联系时必须首先互相通报单位和姓名 （2）监控联系要严肃认真、语言简明、使用统一规范的调控术语 （3）汇报时应思路清晰，内容完整 （4）联系应及时准确，不得瞒报、漏报
3.2	工作范围要求	对现场或用户临时提出的工作要求没有仔细核对监控管辖范围，盲目同意，导致误操作或设备工作异常	许可工作遵守监控管辖范围	（1）充分熟悉监控管辖及许可设备划分规定 （2）严格执行操作许可制度
3.3	电话干扰	日常联系时，没有关注主要信息，受到不必要的电话干扰，影响正常业务开展	集中精力，排除干扰	（1）监控电话号码应保密，限制公布范围 （2）与工作无关的电话可不回答或事后解答
4	正常监视			
4.1	监控员岗位纪律	当班监控员脱岗，电网设备失去监控，导致电网事故发生，联系汇报延误	当班监控员时刻在岗	（1）监控员当班期间必须坚守工作岗位，各司其职，严禁脱岗，如有特殊情况，必须经相关管理人员批准并安排人员代班，履行交接手续后方可离岗 （2）监控员应遵守劳动纪律，值班期间不得进行与工作无关的活动

续表

序号	辨识项目	风险内容	防范要点	典型控制措施
4.2	信息监视	漏监、错判信息，造成异常、事故处理不及时或扩大事故	不间断监视各类告警信息	（1）明确监视范围，不间断监视变电站设备事故、异常、越限、变位信息及输变电设备状态在线监测告警信息 （2）掌控监控系统、设备在线状态监测系统和视频监控系统等运行情况 （3）对于设备各类异常告警信息，及时与运维人员进行确认，并汇报相关调控，做好处置准备工作 （4）对检修信息进行置牌，避免干扰；核对监控系统检修置牌情况、信息封锁情况 （5）检修结束后，要及时与现场联系确认设备运行状态及告警信息情况
4.3	监控信息汇报及配合处置	监控范围内设备发生异常或事故信息，未及时通知运维人员，汇报相关调度，导致设备异常或事故得不到及时处理，造成事故扩大	按规定将异常或事故信息通知运维人员，汇报相关调度	（1）准确掌握电网设备的各级调度管辖范围 （2）根据异常或事故跳闸信息情况，监控员迅速准确记录发生时间、设备名称、信息名称、开关变位、保护动作等情况，分析判断异常或事故跳闸原因，通知运维人员及相关调度 （3）根据调度指令做好事故处理和恢复送电准备，执行远方遥控操作等，并做好记录
5	全面监视			
5.1	画面巡视	未按规定进行交接班时的画面巡视、值内正常巡视，导致电网、设备、监控系统的异常、事故信息不能及时发现	画面巡视到位	按巡视作业流程标准对巡视画面进行逐一查看
5.2	信号巡视	未按规定进行交接班时的信号巡视、值内正常巡视，导致电网、设备、监控系统的异常、事故信息不能及时发现	信号巡视到位	（1）实时监视告警窗，当出现告警信号时，及时进行确认复归 （2）利用监控系统的告警查询功能，点击查看未复归、未确认信号 （3）通过监控系统的通道监视功能，定期检查主站端与子站端通道状态，发现中断或异常及时联系技术支持部门处理
5.3	遥测巡视	未按规定进行交接班时的遥测巡视、值内正常巡视，导致电网、设备、监控系统的异常信息不能及时发现	遥测值巡视到位	（1）检查主变油温、挡位，母线电压、站用变电压等重要遥测量，重载设备等情况，如有异常，通知相关运维人员及调度 （2）检查变电站有功、无功、电压等情况，发现越限及时汇报调度，并采取有效措施进行调整 （3）监控站遥测数据是否刷新，及时联系技术支持部门检查处理，必要时进行监控职责移交
5.4	AVC 系统巡视	未按规定进行交接班时的 AVC 系统巡视、值内正常巡视，导致 AVC 系统的异常信息不能及时发现	AVC 系统巡视到位	（1）检查 AVC 系统运行情况及通道运行情况，发现异常，及时通知相关人员检查处理 （2）检查变电站电容器、电抗器投退正常，检查主变挡位调节正常 （3）对 AVC 系统故障无法短时间恢复时，及时汇报处理，加强对系统电压、无功等监视，按照 AVC 系统相关预案及依据调度令采取人工干预措施
5.5	视频系统巡视	未按规定进行交接班时的视频系统巡视、值内正常巡视，导致视频系统的异常情况不能及时发现	视频系统巡视到位	检查视频系统运行情况，发现异常，及时通知相关人员检查处理

续表

序号	辨识项目	风险内容	防范要点	典型控制措施
10.2	移交、收回监控职责时间	移交工作的起止时间不明确，造成监控盲区	明确设备移交、收回时间	（1）立即汇报调度并联系运维 （2）根据监控移交范围及故障原因明确移交监控职责开始时间 （3）根据故障处理情况及系统运行情况确定监控职责收回时间
10.3	监控职责收回	未对现场设备运行状态进行核对确认，草率收回监控职责，造成监控盲区	核对运行方式、告警信息	（1）核对一、二次设备运行方式、告警信息、缺陷变动等情况 （2）根据核对情况，收回具备条件的一、二次设备监控职责

第三节　设备集中监控业务流程及监控运行分析风险辨识及防范措施

设备集中监控业务流程及监控运行分析主要围绕监控信息管理、集中监控信息联调验收、集中监控许可、集中缺陷处置管理、监控运行分析等方面开展辨识防范，提高设备集中监控业务流程处置准确性及监控运行分析水平。具体风险辨识及防范措施见表4-3。

表 4-3　　设备集中监控业务流程及监控运行分析风险辨识及防范措施

序号	辨识项目	风险内容	防范要点	典型控制措施
1	监控信息管理			
1.1	信息规范	监控信息不按规定编制，导致信息不规范	满足监控信息表管理要求	（1）新建（改、扩建）工程的监控信息表的设计按变电站远景规模编制，应保证完整性、正确性和规范性，设备信息及其命名与现场实际情况一致 （2）新建（改、扩建）工程在设计招标和设计委托时，工程管理部门应明确要求设计单位设计监控信息表，并作为工程图纸设计一部分。对于改、扩建项目，变动部分应明确标识 （3）监控信息表应包括调控机构集中监控信息以及上送信息与现场信息的对应关系两部分；监控信息表须经审核后才能作为调试稿下发执行。工程验收完毕正式投产前，调控中心对监控信息表进行审批、正式编号发布 （4）监控信息表每次变动都应进行版本编号的更新，并标注更新原因、更新日期及被替换的版本编号
2	监控信息联调验收			
2.1	信息接入流程	未制定信息接入流程，或未严格执行，导致接入信息遗漏或错误	监控信息规范、正确、完备，监控信息联调方法和结果规范	（1）监控信息表编制必须符合变电站典型监控信息表的要求 （2）参与信息接入的工作人员需具备工作资质 （3）信息接入流程遵照《调控机构监控信息变更和验收管理规定（试行）》相关要求 （4）所有接入监控系统信息必须与信息表保持一致 （5）信息接入相关联调资料和报告等要及时修订并归档

续表

序号	辨识项目	风险内容	防范要点	典型控制措施
2.2	联调验收工作条件	未完成联调验收准备工作，技术资料不完备，不具备实施条件，导致工作延误或工作不到位	变电站侧和主站侧均具备联调验收条件，远动通道及规约通信正常，联调方案和技术资料齐备	（1）接入远动通道数据通信正常，规约测试正常 （2）主站侧完成画面制作、数据库录入及公式制作等准备工作 （3）变电站侧完成站内信息调试和验收，信息正确完整 （4）联调前编制周密的联调方案，经各部门共同审核通过
2.3	联调验收安全措施	安全措施不正确、不完备，造成误遥控等安全隐患	落实主站侧安全措施	（1）所有需联调设备及相关信号划入调试责任区；确保联调验收过程不影响系统的正常运行 （2）严格按照方案实施联调工作
2.4	联调验收方式	联调验收内容不完整、方法不正确，导致项目缺漏	变电站和主站信息状态保持一致，正确实现控制功能，监控界面声光告警满足监控需求	（1）主站侧对所有需调试信息逐点调试验收 （2）变电站侧根据信息接入对应表逐一上送、调试 （3）联调时对告警窗显示、语音告警、实时数据、画面、光字牌等多环节同时验收 （4）主站侧对所有遥控信息点逐点进行遥控试验，一人操作一人监护 （5）联调结束后，编制联调验收报告，并将存在问题反馈相关部门处理
2.5	遥测联调验收	遥测数据不完整、不准确、刷新不及时，影响正常监控	核查联调验收记录表	对监控画面、遥测逐项进行联调测试，确保信息的采样、变比、相位正确，数据曲线连续，发现问题应及时纠正
2.6	遥信联调验收	遥信数据不完整、不准确、刷新不及时，分类不正确，影响正常监控	核查联调验收记录表	（1）对监控画面、遥信逐项进行联调测试，确保信号完整，上送时延满足要求，分类及间隔定义正确 （2）对合并信号，应在站端对每个被合并信号进行变位试验，核查上送信号正确性 （3）对事故总信号，重点核查其合成方式是否满足规范要求，并能自动复归，事故列表或推画面正确动作
2.7	遥控联调验收	遥控点定义有误或遗漏、遥控成功率低，影响正常遥控功能或发生误遥控	核查联调验收记录表	（1）按照联调方案逐点进行遥控试验 （2）联调验收时有失败现象的（包括返校、执行等环节）、遥控响应速度慢的情况应立即分析原因查找问题，发现通道异常或厂站端设备原因的应及时通知相关部门处理，对主站端原因的应立即排除 （3）联调方案应充分考虑现场实际可能的各种条件，针对不同情况进行模拟遥控测试
2.8	资料整理归档	资料不正确、不齐全	资料必须根据联调结果进行修订整理，及时发布并归档	（1）联调验收工作完成后，对信息点表核对等资料及时整理和归档 （2）根据联调记录修订并下发正式信息表
2.9	监控信息变更	信息变更不及时、不正确，影响正常监控	设备更换或调度命名变更后，及时进行信息变更	（1）执行设备命名更名流程及管理规定，根据调度要求及时开展更名工作 （2）核对相关变更设备画面、数据库、公式定义正确无误 （3）涉及信号测量或控制回路变更的，即使信息表未发生变化也应重新进行联调验收
3	集中监控许可			
3.1	集中监控技术条件	变电站不满足集中监控技术条件，导致不能对变电站进行有效集中监控	检查变电站集中监控技术条件	（1）满足无人值守变电站技术条件要求 （2）变电站设备已完成验收和调试，正式投入运行 （3）按照监控信息管理的相关规定，完成监控信息的接入和验收 （4）消防、技防等监控辅助系统告警总信号接入调度技术支持系统（调度端监控系统）

续表

序号	辨识项目	风险内容	防范要点	典型控制措施
3.2	集中监控许可申请	变电站未经申请或申请不符合要求就纳入集中监控	按变电站集中监控申请规范填报	(1)按变电站集中监控许可管理规定做好申请流程闭环 (2)应逐一明确应纳入变电站集中监控设备范围及监视限额等 (3)严格履行变电站集中监控申请许可、审核、批复制度
3.3	集中监控试运行	变电站监控业务移交工作方案不完善或未按方案进行业务移交，集中监控存在安全隐患	检查变电站监控业务移交工作计划	(1)成立变电站移交工作组 (2)按规定进行变电站集中监控试运行工作（至少两周） (3)制定监控业务移交工作计划和日期 (4)变电站现场资料备案 (5)监控运行人员现场设备熟悉和培训工作 (6)每日集中监控信息核对工作 (7)完成变电站现场检查项目内容 (8)落实设备缺陷、信息缺陷整改情况
3.4	集中监控评估	变电站集中监控评估不规范，导致未符合集中监控条件的变电站纳入集中监控	检查变电站集中监控评估报告	(1)变电站在集中监控试运行期满后，监控业务移交工作组对试运行情况进行分析评估，形成集中监控评估报告 (2)集中监控评估报告作为许可变电站集中监控的依据
3.5	集中监控职责交接	未按要求进行变电站监控业务许可交接，或监控业务许可交接不规范，导致纳入集中监控设备交接不清	严格履行变电站监控业务许可交接手续	(1)相关单位按照批复进行监控职责移交 (2)集控站当值值班监控员与现场值班运维人员通过录音电话按时办理集中监控职责交接手续，核对设备运行正常且遥测、遥信正确，并向相关调度汇报 (3)若集控系统失去监控功能，应按照应急预案流程启动备监系统，监控员按照相关流程执行 (4)按制度正确完整做好交接记录
4	缺陷管理			
4.1	监控缺陷发起	缺陷填报不及时、不正确，导致缺陷处理延误	发现缺陷后，及时启动缺陷流程	(1)值班监控员发现监控系统告警信息后，应按规定进行处置，对告警信息进行初步判断，认定为缺陷的启动缺陷管理程序，报告监控值班负责人，经确认后通知相应设备运维单位处理，并填写缺陷管理记录 (2)值班监控员对设备运维单位提出的消缺工作需求应予以配合 (3)若缺陷可能会导致电网设备退出运行或电网运行方式改变时，值班监控员应立即汇报相关值班调度员
4.2	监控缺陷处置	信息缺陷消缺不及时，影响设备正常监控	督促运维单位及时处理缺陷	(1)值班监控员收到设备运维单位核准的缺陷定性后，应及时更新缺陷管理记录 (2)值班监控员应及时在缺陷管理记录中记录缺陷发展以及处理情况
4.3	监控缺陷验收	缺陷消缺验收未及时闭环，导致缺陷管理不到位	监控人员及时验收缺陷并闭环终结	(1)值班监控员接到运维单位缺陷消除的报告后，应与运维单位核对监控信息，确认缺陷信息复归且相关异常情况恢复正常 (2)值班监控员应及时在缺陷管理记录中填写验收情况并完成归档
5	监控运行分析评价			
5.1	监控运行统计分析	(1)未按照设备监控运行分析制度开展相应的月报、年报统计分析未编制分析报告； (2)集中监控运行分析不到位，导致对设备监控运行存在的问题和隐患预控、整改不力	开展集中监控运行统计分析	(1)监控信息数量统计，对当月监控信息按站和时间进行统计、分析 (2)监控信息分类分析，对变电站设备出现的事故、异常、越限及变位四类信息处置情况及原因进行分析 (3)缺陷统计和分析，对本月已处理缺陷、新增缺陷、遗留缺陷进行分析 (4)编制完整的分析报告，对误报、漏报、频发信号、信息处置等进行重点分析，落实整改措施

续表

序号	辨识项目	风险内容	防范要点	典型控制措施
5.2	集中监控业务评价	未建立监控业务评价指标体系，未按照集中监控业务评价制度开展业务评价工作，未编制评价报告，导致监控运行指标失真	开展集中监控业务评价	（1）建立有效监控业务评价指标体系 （2）定期对监控业务开展量化评价，并编制评价报告 （3）对评价中发现不合格指标及时提出改进措施，持续提高监控运行水平

第四节　监控业务技术支撑系统风险辨识及防范措施

监控业务技术支撑系统主要围绕各项技术支持系统如监控系统、防误功能、视频监控系统等方面开展辨识防范，提高监控业务技术支撑系统使用效率。具体风险辨识及防范措施见表4-4。

表4-4　　监控业务技术支撑系统风险辨识及防范措施

序号	辨识项目	风险内容	防范要点	典型控制措施
1	监控系统			
1.1	监控系统建设	监控系统建设初期未提出监控需求，导致系统投运后不满足日常监控要求	监控员全过程参与系统建设	（1）监控员参与系统建设前期准备工作，提出相关运行需求 （2）监控员密切关注、全程参与系统建设，熟悉系统各项应用功能 （3）监控员参与系统验收，检验相关功能是否满足监控需求
1.2	监控系统升级	监控系统程序升级，造成系统功能异常，影响电网监视	做好应急预案	监控人员根据对监控工作影响的程度做好应急预案，必要时可将监控权移交现场运维人员
1.3	监控系统权限配置	系统权限功能不完善或权限分配不合理，导致越权操作或误操作	建立健全系统权限管理制度	（1）建立权限管理制度，明确各岗位人员的权限范围 （2）在人员变动时，及时变更权限配置 （3）完善系统权限管理功能 （4）加大权限监督管理工作力度
1.4	监控系统应用	电网运行监视功能维护不到位，功能故障、通道中断、系统崩溃，导致设备监控运行监控不及时、不全面	及时发现系统及通道异常	（1）系统应用发现问题及时通知相关人员处理 （2）根据故障情况及时进行监控权移交运维站 （3）故障处理后，经监控员验收核实，将监控权移交回调控中心
2	防误功能			
2.1	遥控操作防误闭锁功能	防误功能不完善，导致系统意外解锁	加强防误功能建设，严格执行遥控操作流程管理	（1）系统功能应满足防误要求 （2）操作前及时做好危险点分析 （3）严禁随意解锁遥控操作
3	视频监控系统			
3.1	视频监控功能	视频监控功能不完善，影响监控人员对现场设备巡视检查	完善视频监控功能	（1）监控员根据运行工作需要，提出视频工作需求（如自动巡视、主动告警等） （2）监控员应熟悉视频系统各项应用功能

第五章　集控站监控信息接入及验收

第一节　变电站设备监控信息接入的要求及范围

一、变电站设备监控信息接入的要求

（1）设备监控信息应全面完整。设备监控信息应涵盖变电站一、二次设备及辅助设备，采集应完整准确、描述简明扼要，满足集中监控变电站远方监视、故障判断、分析处置的要求。

（2）设备监控信息具备五性要求。要求具备完整性、准确性、一致性、及时性、可靠性要求。

（3）设备编号和信息命名应满足 GB/T 14598.24—2017《量度继电器和保护装置　第24部分：电力系统暂态数据交换（COMTRADE）通用格式》、DL/T 1171—2012《电网设备通用数据模型命名规范》的要求。信息描述准确，含义清晰，不引起歧义，准确反映设备工况，同一厂站内信息命名不应重复，断路器信息名称描述为“开关”，隔离开关信息名称描述为“刀闸”。

（4）设备监控信息应稳定可靠。不上送干扰信号、不误漏发告警信号，不受单个设备故障、失电等因素影响而失去全站监视；上送技术支持系统的监控信息应有合理的校验手段和重传措施，不因通信干扰造成监控信息错误。

（5）设备监控信息应源端规范。继电保护及安全自动装置、测控装置、合并单元、智能终端等二次设备应优先通过设备自身形成其监控信息，以降低对外部设备依赖，实现监控信息的源端规范。变压器、断路器等一次设备智能化后，应在源端形成其设备监控信息。

（6）设备监控信息应主、子站一致。变电站监控系统监控主机应完整包含上送技术支持系统的设备监控信息，且内容、名称、分类保持一致。

（7）设备监控信息应接入便捷。适应不同类别设备监控信息接入要求，并可根据实际需要调整。

二、变电站设备监控信息接入的范围

监控信息接入范围包括设备运行数据、设备动作信息、设备告警信息、设备控制命令、辅助系统信息。设备监控信息简明扼要表述为：遥测信息、遥信信息、遥控（调）信息。

（一）设备运行数据

设备运行数据主要包括反映一、二次设备及辅助设备运行工况的量测数据和位置状态。

（1）设备运行量测数据（遥测信息）：反映电网和设备运行状况的电气和非电气变化量。

1）一次设备量测数据：一次设备的电流、电压、有功、无功、功率因数、频率、温度等。

2）二次设备量测数据：反映设备运行状况的电气和非电气变化量，包括继电保护装置运行定值区号和安全自动装置运行定值区号。

（2）设备运行位置状态：反映电网和设备运行状态的状态量。

1）一次设备位置状态：反映电网和设备运行状况的状态量，包括断路器位置、隔离开关位置、手车位置、接地开关（接地器、主变中性点接地开关）位置。

2）二次设备位置状态：反映二次设备连接片投退等运行状况的状态量，包括软/硬连接片位置、重合闸充电状态、备自投装置充电状态、重合闸方式切换把手位置、设备控制状态切换把手位置、连锁方式开展把手位置。

（二）设备动作信息

设备动作信息包括变电站内断路器、继电保护和安全自动装置等设备或间隔的动作信息及相关故障录波（报告）信息。

（1）设备动作信号：继电保护及安全自动装置应提供动作出口总信号。

（2）故障录波（报告）：故障录波格式应满足 GB/T 22386—2008《电力系统暂态数据交换通用格式》要求，包括但不限于故障录波装置稳态录波文件、故障启动录波文件、故障录波定值等信息。

（三）设备告警信息

设备告警信息主要包括一、二次设备及辅助设备的故障和异常信息。设备告警信息按对设备影响的严重程度至少分为设备故障、设备异常两类。

（1）设备故障：一次设备故障和二次及辅助设备故障信息。

1）一次设备故障是指一次设备发生缺陷造成无法继续运行或正常操作的情况。

2）二次设备及辅助设备故障是指设备（系统）因自身、辅助装置、通信链路或回路原因发生重要缺陷、失电等引起设备（系统）闭锁或主要功能丧失的情况。

3）故障信号宜采用自动复归模式。故障发生时动作，消失时自动复归。

（2）设备异常：一次设备异常、二次及辅助设备异常信息。

1）一次设备异常是指一次设备发生缺陷造成设备无法长期运行或性能降低的情况。

2）二次设备及辅助设备异常是指设备自身、辅助装置、通信链路或回路原因发生不影响主要功能的缺陷。

3）异常信号宜采用自动复归模式。故障发生时动作，消失时自动复归。

（四）设备控制命令

设备控制命令包括一、二次设备单一遥控、遥调操作命令以及程序化操作命令。

（1）遥控操作命令：主要包括断路器合/分、同期合、无压合，隔离开关合/分，变压器分接头升/降、急停，电容器、电抗器投/切，软连接片投/退。

（2）遥调操作命令：指对设备的多种或连续的运行状态进行远程控制，包括继电保护装置定值区切换操作。

（3）程序化操作命令：是指确认并固化的程序化控制信息进行的倒闸操作，操作范围为间隔内设备“运行”“热备用”“冷备用”相互转换。技术支持系统确认程序化控制信息后，下发相应的命令，由变电站端监控系统完成具体操作。

（五）辅助系统信息

辅助系统信息主要包括变电站设备状态在线监测、安全防范系统、消防系统、环境监测系统等的状态量测量数据、告警及控制信息。

1. 设备状态在线监测

设备状态在线监测主要包括输电设备状态在线监测、变电设备状态在线监测的测量数据和告警信息。

（1）输电设备状态在线监测量测信息：主要包括架空线路微气象信息、杆塔倾斜信息、电缆护层电流。

（2）输电设备状态在线监测告警信息：主要包括输电线路环境温度、等值覆冰厚度、微风振动、现场污秽度、导线弧垂告警，杆塔倾斜告警，电缆护层电流告警。

（3）变电设备状态在线监测信息：主要包括变压器（电抗器）油中溶解气体监测，变压器（电抗器）套管、电压互感器、电流互感器等绝缘监测，金属氧化物避雷器泄漏电流监测。

（4）变电设备在线监测告警信息：主要包括变压器/电抗器油中溶解气体绝对、相对产气速率告警，变压器（电抗器）油中微水告警，变压器/电抗器铁芯接地电流告警，变压器（电抗器）套管、电压互感器、电流互感器等介质损耗因数、电容量数值及变化情况告警，断路器/GIS的SF_6气体压力、水分告警，金属氧化物避雷器阻性电流、全电流告警，组合电器局部放电。

2. 变电站安全防范

变电站安防信息主要包括电子围栏、红外对射、双鉴探测器告警信息，安防设施运行状态信息。

3．变电站消防

变电站消防信息主要包括主变及变电站公共消防的火灾动作、告警及控制信息，消防设施运行状态信息。

4．变电站环境监测

变电站环节检测信息主要包括设备室温度、湿度、SF_6浓度、氧气浓度、空调故障、除湿机故障、风机电源故障，站内水泵故障、水井水位等环境检测的风机故障水浸等告警信号。

第二节　变电站设备监控信息表管理

变电站设备监控信息表是指为满足变电站集中监控需要接入电网调度控制和新一代变电站集中监控系统（以下简称“集控系统”）的变电站一、二次设备及辅助设备监视和控制采集信息汇总表。

一、监控信息表要求

（1）应该按照《变电站设备监控信息规范》（Q/GDW 11398—2020）要求进行，满足变电站设备监控信息表的格式、内容要求，新建变电站宜按照整站规模编制设备监控信息表，且要考虑变电站远景规划扩建规模预留足够的备用点号。

（2）设备监控信息应全面完整，设备监控信息应描述准确。

（3）设备监控信息表的序（点）号应连续编号，以保证监控信息表的完整性及运维管理的便利性。

（4）监控信息表编制应依据变电站设备监控信息技术规范要求，统一命名规则、统一信息建模、统一信息分类、统一信息描述、统一告警分级、统一版本管理。

（5）监控信息表实施“定值式”管理，采用“一站一表”，凡监控范围内的变电站应有正式发布的监控信息表。

（6）设备管理单位加强监控信息表全过程管控，严格监控信息表的编制、流转、执行、台账和变更管理。

二、监控信息表的内容

（一）监控信息表至少包含的内容

（1）遥测、遥信、遥控（调）信息表；遥信表包括序（点）号、信息描述、告警分级等内容，遥测表包括点号、信息描述等内容，遥控（调）表包括点号、信息描述等内容。

（2）厂站名称、设备名称、设备型号及编制日期。

（3）上送调控（集控）系统的集中监控信息与站端监控系统信息、设备原始信息间对应关系。

（4）间隔名称、信号/部件类型、告警分级、光字牌设置等属性。

（5）全站事故总合成逻辑信息表。

（二）遥测信息表

遥测信息表包含序（点）号（站端序号和主站端序号）、间隔名称、遥测名称、单位、备注等内容。某变电站监控信息表（遥测）见表 5-1。

表 5-1　　某变电站监控信息表（遥测）

主站端序号	站端序号	间隔名称	遥测名称	单位	备注
1	1	110kV三鹿甲线111	110kV三鹿甲线111有功功率	MW	
2	2		110kV三鹿甲线111无功功率	Mvar	
3	3		110kV三鹿甲线111 A相电流	A	
4	4		110kV三鹿甲线111 C相电压	kV	

（三）遥信信息表

遥信信息表包含序（点）号（站端序号和主站端序号）、间隔名称、信息/部件类型、集中监控信息、站端监控系统信息、设备原始信息、告警分级、是否 SOE、光字牌设置、备注等内容。某变电站监控信息表（遥信）见表 5-2。

表 5-2　　某变电站监控信息表（遥信）

主站端序号	站端序号	间隔名称	信息/部件类型	集中监控信息	站端监控系统信息	设备原始信息	告警分级	是否SOE	软报文/硬接点	光字牌设置	备注
1	1	公用	全站	全站事故总	全站事故总	全站事故总	事故	是	是	是	
2	2	110kV三鹿甲线111	开关	110kV 三鹿甲线 111 开关间隔事故总	110kV三鹿甲线 111 开关间隔事故总	110kV 三鹿甲线 111 开关间隔事故总	事故	是	是	是	
3	3	110kV三鹿甲线111	开关	110kV 三鹿甲线 111 开关	110kV三鹿甲线 111 开关	110kV 三鹿甲线 111 开关	变位	是	是	是	
4	4	110kV三鹿甲线111	开关	110kV 三鹿甲线 111 开关储能电机故障	110kV三鹿甲线 111 开关储能电机失电	110kV 三鹿甲线 111 开关储能电机失电	异常	是	是	是	

（四）遥控（调）信息表

遥控（调）信息表包含序号（站端序号和主站端序号）、间隔名称、遥控名称、备注等内容。某变电站遥控信息表见表 5-3。

表 5-3　　某变电站遥控信息表

主站端序号	站端序号	间隔名称	遥控名称	备注
1	1	110kV三鹿甲线111	110kV三鹿甲线111开关合/分	

续表

主站端序号	站端序号	间隔名称	遥控名称	备注
2	2	110kV三鹿甲线111	110kV三鹿甲线111-1刀闸 合/分	
3	3	110kV三鹿甲线111	110kV三鹿甲线111重合闸软连接片投/退	
4	4	1号主变	1号主变分接开关位置升/降	
5	5	定值区××	保护定值区切换	

三、监控信息表的编制原则

（一）遥测信息表

（1）整体排列顺序：遥测信息应考虑整体规则排列顺序，保证变电站设备监控信息整体排列内容的统一规范性。典型 220kV 变电站遥测信息整体排列顺序为主变、线路、母线、母联、电容器、站用变、站用交流系统、直流系统，其中电压等级排列顺序由高到低依次为 220、110、35、10kV，同电压等级间隔排列按增序排列。

（2）单间隔排列顺序：参考《变电站设备监控信息管理规范》(Q/GDW 11398—2020)，一般按照电压（相电压、线电压）、电流、有功、无功、功率因数、温度、挡位、频率等排序，同类信息应集中排列。

（3）遥测序（点）号属性：遥测序（点）号属性是表征设备遥测信息在信息表中的排列顺序。遥测信息宜从 1 开始编号，增序排列，不宜空点，保证监控信息表的整体连续性。

（4）遥测名称属性：采集范围和名称均应按照《变电站设备监控信息管理规范》（Q/GDW 11398—2020）的要求进行，保证遥测信息的统一规范。

（5）间隔属性：表征设备遥测信息在监控画面所对应的间隔，应使用设备双重名称。

（6）单位属性：表征各遥测量信息的单位，均应按照《变电站设备监控信息管理规范》（Q/GDW 11398—2020）的要求进行。

（二）遥信信息表

（1）整体排列顺序：遥信信息应考虑整体规则排列顺序，保证变电站所有设备遥信信息按照设备类型、电压等级等进行排序。

典型 220kV 变电站遥信信息整体排列顺序为主变、线路、母线、母联、电容器、站用变、自动装置、站用交流系统、直流系统、公用信号，其中电压等级排列顺序由高到低依次为 220、110、35、10kV，同电压等级间隔排列按增序排列。

（2）单间隔排列顺序：间隔设备遥信信息排列顺序参考《变电站设备监控信息管理规范》（Q/GDW 11398—2020），并按照一次设备、二次设备、二次回路信息顺序排列，相同信息/部件类型信息应集中排列。

（3）遥信序（点）号属性：遥信序（点）号属性是表征设备监控信息在信息表中的排列顺序，遥信信息宜从 1 开始编号，增序排列，不宜空点，以便保证监控信息表的整体连续性。

（4）设备原始信息名称属性：为一、二次设备及辅助设备实际发出的信息名称，应与施工图纸所标注的信息名称一致，在未实现源端规范前，应保留设备原始信息名称与标注信息名称的对应关系。

（5）站端监控信息名称属性：变电站站端信息名称。

（6）集中监控信息名称属性：遥控信息均应按照《变电站设备监控信息管理规范》（Q/GDW 11398—2020）进行规范，保证信息的统一规范。

（7）间隔名称属性：表征设备监控信息在监控画面所对应的间隔，使用设备双重名称。

（8）信息/部件类型属性：表征设备监控信息所属的类型，如开关、刀闸、机构、保护装置、测控装置、合并单元等。

（9）是否 SOE（事件顺序记录）：当电气设备发生遥信变位时，上送 SOE 记录，便于事故分析，全站事故信息和变位信息应设置 SOE。

（10）光字牌属性：此属性的设置是对光字牌进行区分，避免某类监控信息在正常运行时因设置光字牌而常亮，影响干扰监控值班人员的正常监视。

（11）软报文/硬接点属性：表征设备监控信息的传输方式，硬接点是一、二次设备以电气接点的方式将遥控信号送至测控装置或智能终端，需要二次回路实现，软报文是一、二次设备及辅助设备自身产生的并以通信报文方式传输的信息，不需要二次回路实现。

（12）告警分级属性：监控告警信息是监控信息在技术支持系统、变电站监控系统对设备监控信息处理后在告警窗出现的告警条文，是监控运行的主要关注对象，按对电网和设备影响的轻重缓急程度分为事故、异常、越限、变位和告知五级。

1）事故信息：是由于电网故障、设备故障等原因引起断路器跳闸、保护及安全自动装置动作出口跳合闸的信息以及影响全站安全运行的其他信息，是需实时监控、立即处理的重要信息。事故信息主要对应设备动作信号，包括事故点、间隔事故点、各类保护、安全自动装置动作信息、开关异常变位信息。

2）异常信息：是反映电网和设备非正常运行情况的告警信息和影响设备遥控操作的信息，直接威胁电网安全与设备运行，是需要实时监控、及时处理的重要信息。异常信息主要对应设备告警信息，包括一次设备异常告警信息、二次设备及回路异常告警信息、自动化和通信设备异常告警信息、辅助设备异常告警信息、其他设备异常告警信息。

3）越限信息：是反映重要遥测量超出告警上下限区间的信息。重要遥测量主要有设备有功功率、无功功率、电流、电压、变压器油温及断面潮流等，是需实时监控、及时处理的重要信息。

4）变位信息：是指反映一、二次设备运行位置状态改变的信息。变位信息主要包括断路器（开关）分合闸位置，保护软连接片投 / 退等位置信息。该类信息直接反映电网运行方式的改变，是需要实时监控的重要信息。

5）告知信息：是反映电网设备运行情况的一般信息。告知信息主要包括开关及刀闸和接地开关位置信息、一次设备操作时发出的伴生信息以及故障录波器、收发信机启动等信息。该类信息需定期查询。

（三）遥控信息表

（1）整体排列顺序：遥测信息应考虑整体规则排列顺序，保证变电站设备监控信息整体排列内容的统一规范性。典型 220kV 变电站遥测信息整体排列顺序为主变、线路、母联、电容器、站用变、站用交流系统、直流系统，其中电压等级排列顺序由高到低依次为 220、110、35、10kV，同电压等级间隔排列按增序排列。

（2）单间隔排列顺序：参考《变电站设备监控信息管理规范》（Q/GDW 11398—2020），一般按照一次设备、二次设备等排序。

（3）遥控序（点）号属性：遥测序（点）号属性是表征设备遥测信息在信息表中的排列顺序，遥测信息宜从 1 开始编号，增序排列，不宜空点，保证监控信息表的整体连续性。

（4）遥测名称属性：为规范的遥测信息名称描述，采集范围和名称均应按照《变电站设备监控信息管理规范》（Q/GDW 11398—2020）的要求进行，保证遥测信息的统一规范。

（5）间隔属性：表征设备遥测信息在监控画面所对应的间隔，使用设备双重名称。

四、监控信息表的审核

（一）审核要求

（1）设备监控信息表中的内容按照《变电站设备监控信息技术规范》（Q/GDW 11398—2020）的要求，全部覆盖，确保站内一、二次设备及辅助设备所有异常状态均有信号可以反映，命名、格式统一、规范。

（2）监控信息审核工作应贯穿集控站所辖变电站新、改、扩建工程全过程，特别是在设计审查、设备选型阶段，应针对监控信息的正确性、完整性和规范性提出审核意见。

（3）设备监控信息表中的站端监控系统信息、设备原始信息与现场实际情况一致，与调控（监控）系统监控信息对应关系正确，保证其监控信息接入的正确性、完整性和规范性。

（4）设备监控信息表中上送的远动序号完整、正确。

（5）监控信息表中不得出现重复性信息。

（6）监控信息描述应采用设备双重名称，继电保护及安全自动装置双套配置名称信息描述应注明“第 n 套+装置型号”。

（7）监控信息应标注信号来源，区分软报文与硬节点信号。

（二）审核要点

1. 遥测类信息审核要点

（1）对于具有三相电流互感器的断路器，三相电流应分别上送。

（2）配置三相电压互感器的线路、母线间隔应上送零序电压遥测数据。

（3）主变压器、高压电抗器油面、绕组温度应分别采集并与表计一一对应。

（4）应采集可调压变压器挡位。

（5）智能变电站需采集户外智能终端柜和汇控柜的温湿度遥测数据。

（6）站用电交流母线电压应采集齐全，并设置相应限值。

（7）直流系统中动力母线电压、控制母线电压、蓄电池电压反映三处不同电压，不可互相替代；动力母线、控制母线宜采集正负极对地电压。

2. 一次系统遥信信息审核要点

（1）变压器。

1）主变温度（油温和绕组温）监视除设置温度监视限值外，应采集温度（油温和绕组温）高告警信息。

2）冷却器控制电源或工作电源消失应单独采集。

3）采用 PLC 控制的主变风冷系统应采集 PLC 故障及 PLC 失电信号。

（2）断路器、互感器。

1）三相联动断路器位置信号应采用双位置上送调度端和集控站端，分相断路器除采集总位置外应采集分相双位置信息，总位置信号应通过断路器辅助触点直接在现场三相串联合成。

2）断路器液压（气动）操动机构应采集油压（气压）低告警。

3）断路器控制回路断线与控制电源消失信号应分开采集。

4）GIS 设备断路器气室气压低告警信号应与其余设备气室气压低告警信号分开。

5）采用带电显示装置作为断路器位置双确认条件的辅助判据时，带电显示装置遥信信息应包含三相电压运行状态（有电/无电）及装置自身运行状态信息。

6）采用油（气体）绝缘的互感器应采集油位（气压）低告警。

7）宜采集断路器机构加热器故障信号，用以反映断路器构辅助设备运行情况。

（3）电容器、电抗器、SVC。

1）电容器保护动作信号宜与欠电压保护动作分开。

2）应采集 SVC 装置二次设备出口、故障、异常告警信号，一次设备告警信号宜采用合并方式上送，应采集一次设备故障告警总信号和一次设备异常告警总信号。

（4）隔离开关。

1）隔离开关遥信应包含反映隔离开关设备的位置状态和电动机构及操作回路运行状态的信息。

2）隔离开关位置信号应采用动合、动断触点形成双位置信号上送调度端和集控站端，分相操动机构隔离开关只采集总位置信号，其中总位置信号应通过隔离开关辅助触点三相串联合成。

3）应采集隔离开关机构远方/就地控制信号，用以反映隔离开关机构控制状态情况，对于分相操动机构三相分别具有远方/就地把手的应串联上送，对于同一隔离开关具有多级远方就地把手的，所有把手位置信号应串联上送。

4）反映隔离开关电机电源消失或隔离开关控制电源消失的信号应单独采集。

5）应采集能够反映电机运行状态的信息，分相机构的隔离开关还应采集能够反映三相电机运行状态的信息。

6）宜采集隔离开关机构加热器故障信号，用以反映隔离开关机构辅助设备运行情况。

3. 二次系统遥信信息审核要点

（1）保护装置、合并单元、智能终端。

1）应采集装置异常与装置故障两个硬节点总信号以反映保护装置不同的异常程度。

2）具备远方操作条件的重合闸、备自投充电满状态信息应采集完整。

3）远跳就地判别装置就地判据满足，不应触发装置异常告警。

4）除变电站设备监控信息技术规范中明确要求独立上送的保护出口信号外，还需将采用差动原理的瞬动保护作为主保护合并，其他电气量保护动作出口合并至后备保护，110kV及以下保护出口信息可以不合并。

5）智能变电站应采集SV、GOOSE告警总信号，如无法直接取出，可采取合并的方法，合并信号应确保不影响故障类别和相别的判别。

6）智能变电站应采集过程层交换机异常信号，信号描述应与现场设备命名一致，方便运维人员快速定位故障设备。

7）智能变电站应采集装置检修信息。

8）智能变电站应采集装置对时故障和失步信息。

（2）安稳装置。

1）应采集安稳装置动作信息。

2）应采集反映安稳装置运行状态和运行方式的信息。

3）安稳装置至各子站通道告警信息应单独上送。

4）安稳装置至各子站通道连接片状态信息应取反单独上送。

（3）自动化设备。

1）应采集测控装置防误解除的状态信息。

2）应采集所有测控装置异常、通信中断告警信号。

3）应采集站控层交换机异常、数据通信网关机故障信号。

4. 站用交、直流系统遥信信息审核要点

（1）互为备用的两套独立系统，告警信息应单独上送。

（2）蓄电池组总出口熔断器应配置熔断告警接点，信号应可靠上送。

（3）应采集直流系统接地、直流充电柜交流输入故障、直流充电柜通信中断、直流系统异常告警总、直流充电柜充电机故障等告警信息。

（4）直流母线电压除设置监视限值外，应采集直流母线电压异常、蓄电池电压异常告警信息。

（5）应采集站用电备自投出口、站用电源异常、站用电备自投装置故障、站用电备自投装置异常告警信息。

（6）应采集站用电设备自动切换装置的切换动作信息、装置异常、故障信息。

（7）应采集 UPS 交流输入异常、直流输入异常、UPS 装置故障、UPS 装置异常告警信息。

5. 公用设备遥信信息审核要点

（1）GIS（含 HGIS、充气断路器柜）设备遥信信息应包含 GIS（含 HGIS、充气断路器柜）气室信息，反映 GIS（含 HGIS、充气断路器柜）气室压力异常运行工况。GIS（含 HGIS、充气断路器柜）分气室的气压低告警信息应按实际气室个数分别上传，信号描述应与现场设备命名对应。

（2）应采集户外智能终端柜空调异常告警信号。

（3）对于配置 GPS、北斗双对时系统的变电站，对时失步信号宜分别上送。

（4）集控站监控系统应采集网络安全监测装置的违规外联、装置异常、失电告警信号。

6. 辅助设备设施、系统遥信信息审核要点

（1）辅助设备设施系统应稳定可靠，系统总告警信号应传至调度端和集控站端。

（2）消防信号宜包含分区域的火灾告警信号、探头异常信号、装置异常信号。

（3）安防信号宜包含边界防盗告警信号。

（4）灯光照明宜包含分区域的开启、关闭、失电、故障信号。

（5）风机、水泵控制宜包含开启、停运、失电、故障信号。

（6）室内温湿度控制宜包含空调、采暖、除湿机启动、停止及故障信号。

（7）门禁系统宜包含对应门的开启、闭锁、系统故障信号。

五、监控信息表的编制管理

（一）监控信息表的编制

监控信息表应按照《变电站设备监控信息管理规范》（Q/GDW 11398—2020），以及监控信息表格式要求进行编制。

新建变电站宜按照整站规模设计监控信息表，监控信息表中的序（点）号应连续编号。新（改、扩）建工程在设计招标和设计委托时，建设管理单位及变电站运维检修单位应要求设计单位编制监控信息表设计稿，监控信息表应作为工程图纸设计的一部分。对于改、扩建项目，变动部分应明确标识。

设计单位、建设管理单位、安装调试单位、变电检修单位、变电运维单位、调控机构分别履行各自的变电站设备监控信息表编制管理工作内容及要求。

设计单位根据相关技术规范、技术标准、设备技术资料编制变电站监控信息表设计稿，随施工图一并提交建设管理单位、变电运维单位、变电检修单位进行审核。建设管理单位督促设计单位按照变电站设备监控信息技术规范开展设计，在组织变电站施工图审查时，监控信息表设计稿应纳入审查范围。变电检修单位负责相应改、扩建变电站设备监控信息表的编制。变电运维单位参与变电站初步设计审查、设计联络会，并参与设备监控信息表初设会，提出专业意见。

（二）监控信息表的流转

监控信息表的流转管理包括监控信息表接入（变更）申请、录入、审核、校核、会签、下发和执行等，监控信息表各个环节的流转按照规定进行标准化操作流程。

监控信息表调试稿应由设备管理部门组织变电运维相关人员进行审核、校核，并经继电保护、调控、自动化等相关专业会签。汇总审核意见并进行修改完善，经监控信息表编制员、审核人、校核人分别签名后，监控信息表调试稿正式有效。

设备管理部门依据接入（变更）计划安排，按时发布监控信息表调试稿，作为调控（集控）主站端及站端监控系统数据库制作和工程联调的依据。

特殊运行方式、不满足变电站设备监控信息技术规范的监控信息表应由相关部门或单位主管安全生产领导签字。

（三）监控信息表的执行

监控信息表的执行应该以监控信息表调试稿为依据进行联调，工程联调由变电运维、检修单位、调控单位共同负责，变电运维、检修单位负责依据监控信息表调试稿组织开展联调工程站端相关工作，调控单位、变电运维单位（自动化专业）负责工程联调调控（集控）系统主站端相关工作。

工程联调结束后，形成工程联调报告，工程联调报告主要包含联调工作完成内容、完成情况、遗留情况、监控信息传动试验情况以及与标准规范比较存在的差异性报告等内容，工程联调报告应该经过变电运维、检修单位和调控单位相关负责人签字后方可生效。

根据工程联调情况，设备管理部门组织对监控信息表调试稿进行进一步的修改和完善，最终形成监控信息表正式稿。监控信息表的编号原则为：变电站电压等级－变电站名称－编写年份－编号，按照规定格式形成监控信息表正式稿进行统一编号和发布，实现监控信息表全过程管理。

设计单位应将监控信息表正式稿附在竣工图纸中。

（四）监控信息表的变更管理

监控信息表的变更管理主要针对已经投产变电站，无论变电站是否纳入集中监控，监控信息表发生变化，均应由变电检修单位向调控单位和变电运维单位提交接入（变更）申请。以下工作应履行设备监控信息接入（变更）申请手续。

（1）新建、改建、扩建工程投产。

（2）主站系统改造或维护引起监控信息接入发生变化。

（3）在变电站自动化系统工作，引起远动数据库变动。

（4）在辅助设备监控系统工作，引起远传数据库变动。

（5）变电站进行设备检修、设备更换、调整间隔等工作，导致设备监控信息发生变化。

（6）变电设备检修如果涉及信号、测量或控制回路，即使设备监控信息未发生变化，也应对相关信息进行核对。

（7）其他需要进行监控信息验收的情况。

调控单位和变电运维单位收到监控信息表接入（变更）申请后，参照监控信息表执行和流转管理流程，由调控单位和变电运维单位相关人员进行审核、校核，并经相关专业会签后形成监控信息调试稿。若调试稿在后续执行过程中出现变动，则需要变电运维监控专业根据执行情况进行监控信息表的修改，核对无误后经过审核签字形成正式稿进行发布。

监控信息表每次变更应进行相应编号更新，并标注更新原因、更新信息、更新日期及被替换的编号。

监控信息表执行完毕后，应有相关调控（集控）自动化信息维护专责与现场运维人员的核对记录。

（五）监控信息表台账资料管理

监控信息表是已投产变电站重要的技术资料，设备管理单位应及时留存正式发布的监控表，设备管理单位应做好监控信息表流转、留存的工作，确保监控信息表数据正确。

验收完成后，设备管理部门将校核后的监控信息表作为正式稿进行发布和归档，为下一步变电站设备监控信息接入工作做好资料准备。监控信息表应在线上和线下同时进行流程归档管理，设备管理单位应定期进行监控信息表的检查、核对及整理汇总工作。

已作废的监控信息表版本应保留三年。

第三节　变电站监控信息验收管理

变电站设备监控信息接入（变更）验收是指变电站新（改、扩）建工程设备监控信息上送调控（集控）系统的接入（变更）和验收工作，以下统称为“监控信息验收”。

一、需要进行监控信息接入验收的工作

针对以下情况，应履行设备监控信息接入验收申请手续。

（1）新建、改建、扩建工程投产。

（2）主站系统改造或维护引起监控信息接入发生变化。

（3）在变电站自动化系统工作，引起远动数据库变动。

（4）在辅助设备监控系统工作，引起远传数据库变动。

（5）变电站进行设备检修、设备更换、调整间隔等工作，导致设备监控信息发生变化。

（6）变电设备检修如果涉及信号、测量或控制回路，即使设备监控信息未发生变化，也应对相关信息进行核对。

（7）其他需要进行监控信息验收的情况。

二、监控信息验收具备的条件

当满足下列条件时，设备管理部门组织监控信息接入验收，验收合格后，设备方可投运。

（1）变电站一、二次设备完成现场验收工作。

（2）变电站自动化系统已完成站内调试验收工作，监控数据完整、正确。

（3）调控（集控）系统、辅控系统已完成数据接入和维护工作。

（4）相关远动设备、通信通道正常、可靠。

（5）已按规定提交验收申请。

三、监控信息验收的时间

变电站新（改、扩）建工程建设开始前，由建设管理单位（部门）或变电检修单位提供监控信息表等相关资料，预留足够的监控信息审核、联调验收时间。新（改、扩）建变电站设备监控信息联调验收时间要求：

（1）330kV 以上智能变电站不少于 12 个工作日。

（2）220kV 智能变电站或 330kV 以上常规变电站不少于 9 个工作日。

（3）220kV 常规变电站或 110kV 智能变电站不少于 7 个工作日。

（4）110kV 及以下变电站不少于 5 个工作日。

四、监控信息验收的要求

（一）监控信息验收的基本要求

（1）监控信息验收应符合《变电站设备监控信息规范》（Q/GDW 11398—2020）和《新一代变电站集中监控系统系列规范（试行）》的要求。

（2）变电站监控信息验收应遵循“安全、高效、环保”原则，一次相关设备、继电保护及安全自动装置远方操作应满足“双确认”要求。

（3）应配置输变电设备状态在线监测、安全消防、工业视频等系统，并应能实现远方监视与控制。

（4）监控信息采集应符合相应电压等级变电站典型监控信息表要求，完成与调控（集控）主站的联调验收，满足远方监视、控制的运行要求。

（5）监控信息验收过程中同步进行监控（集控）系统画面和功能的验收。检查调控（集控）系统接线图（主接线图和间隔分图）画面是否与现场实际接线方式一致，检查变电站各单元监控限值设置是否正确，检查语音告警及事故推图设置是否准确，检查一次主接线及设备命名与调度下达的主接线方式、设备命名是否一致。

（6）调控（集控）信息验收工作应采用“全遥信、全遥测、全遥控（遥调）”方式，严禁“漏验”。

（7）遥测验收应验收站端和主站端数据一致性，遥测点号正确。

（8）遥信验收应验收信息动作、复归，遥信点号正确、遥信描述及动作状态与现场实际一致。

（9）遥控（调）验收。

1）检验遥控点号正确。

2）开关、刀闸遥控验收应验收分、合闸两种情况，涉及电网同期操作的开关，应验收同期合、无压合及强合三种情况。

3）手车开关进出遥控验收应验收进、出两种情况。

4）软连接片的遥控验收应验收投入、退出两种情况。

5）遥调验收应对变压器（电抗器）所有挡位调整进行测试。

6）遥控后设备状态变化正确，采用两个非同原理指示同时方式对应变化作为“双确认”条件。

7）遥控验收一般采用实际遥控操作，不具备条件时可采取预置至测控装置进行确认。

8）遥控（遥调）传动应加强监护并采取安全措施防止误控，监控系统主画面和分画面接线图中开关、刀闸、软连接片变位正确，变位时应有变位告警信息及告警音响。

（10）监控信息验收可采用监控信息自动验收等技术手段，自动验收须遵循《变电站监控信息自动验收技术规范》（DL/T 2413—2021）要求。

（11）具备两个及以上通道（网关机）时，应校核各通道（网关机）遥信、遥测、遥控（遥调）准确性。

（12）完成监控信息联调验收工作后，变电运维单位对站端监控信息、主站系统监控信息、监控信息表进行三方校核，确保监控信息正确一致，达到设备启动送电条件。

（13）验收资料应完善，涵盖设备基础资料、设备运行资料、技术管理资料等。

（二）监控信息验收的其他要求

（1）变电站监控信息接入时应做好隔离屏蔽、挂检修牌、单独划区等安全措施，防止影响或干扰运行设备的正常监控业务，验收完成后恢复所做措施。

（2）调控（集控）系统同步做好调控（集控）系统监控信息接入（变更）和验收工作。

五、监控信息验收问题的处置

变电站监控信息验收过程中发现的问题，纳入监控信息验收流程管理问题由相关责任单位消除，主站调控（集控）系统问题由主站系统需要的由调控单位或变电运维单位消缺；站端问题由施工单位或变电运维、检修单位消缺，通道问题由双方及信通机构共同消缺，应进行信息复验，必要时重新履行监控信息接入验收流程。

六、监控信息验收的内容

变电站监控信息验收要按照审定的调试稿或验收卡对监控信息表内容逐一核对验收，要对调控（集控）系统两套系统进行验收，并进行遥测、遥信传动和遥控实传，检查限值维护情况，并做好记录。

验收内容主要包括技术资料，遥测、遥信、遥控（调）、监控画面及电网调度控制（集控）系统相关功能。

监控信息调试报告包括监控信息表、调试（验收）情况、调试（验收）人、时间等情况。

监控信息验收过程中发现的问题，纳入监控许可流程管控，问题由相关责任单位消除后，应进行信息复验，必要时重新履行监控信息接入验收流程。

（一）遥测信息的验收

1. 遥测信息验收技术原则

以调控（集控）后台为主，实现调控（集控）系统一一对应验收，运行设备且遥测数据实时变化的可采用核对方式验收，停运或遥测数据长期不刷新变化的可采用测控装置模拟、专业软件模拟、虚拟负荷测试等方法验收，通过串口通信等报文方式采集的遥测，可通过规约转换装置人工置数的方式进行模拟验收。

2. 遥测信息验收安全措施

（1）遥测验收前，调控（集控）主站应做好运行设备遥测数据的隔离工作（实负荷核对法除外），防止遥测传动过程中干扰电网运行。

（2）使用虚负荷测试法验收遥测数据前，应将测控屏的外部二次回路进行完全隔离，防止试验二次电流、电压通过电流互感器、电压互感器给一次设备反充电。对于二次回路的隔离措施，应有书面记录，工作结束后，按照记录恢复成原有状态。

（3）遥测传动时，应防止电流互感器开路、电压互感器短路。

（4）传动过程中，重启远动装置应提前告知调控（集控）主站。对于远动装置冗余配置的，应避免发生多台装置同时重启而引起的通道中断等情况。

（5）对于采用专用软件模拟法进行遥测传动的，应做好安全防护工作。

3. 遥测信息验收的基本要求

（1）调控（集控）主站遥测验收前，应完成变电站测控装置的遥测准确度验收。

（2）功率方向应以流出母线方向为正，流入母线方向为负；电容器、电抗器无功功率方向以发出无功功率为正，吸收无功功率为负。

（3）应根据电网及设备实际情况合理选择遥测数据电流变比。

（4）遥测数据的零漂和变化阈值应在合理的范围内。

（5）验收双方应互报显示的数据，确认误差是否在准确度允许的范围内，并做好记录。

（6）不同画面的同一遥测数据，应同时变化且变化一致。

（7）调控主站的有功功率、无功功率、电压、电流等遥测数据总准确度不应低于1.0级。

4. 遥测信息验收方法

遥测信息验收方法包括实负荷核对法、虚负荷测试法、测控装置模拟法、专用软件模拟法、人工置数法。

5. 遥测信息验收方法选择

根据现场设备的实际状态，综合考虑数据可靠性、安全风险和工作效率，选择合适的方式方法，对各个遥测量进行验收。

（1）对于运行中的一次设备，且其遥测数据实时变化的，应采用实负荷核对法进行传动验收。

（2）对于运行中的一次设备，且其遥测数据不变化的，若测控装置本身具备遥测模拟功能，可选用测控装置模拟法；若测控装置不具备遥测模拟功能的，可选用专用软件模拟法进行传动验收。

（3）对于运行中的一次设备，且通过串口或网络通信等报文方式采集的遥测数据（一体化电源、消弧线圈等），可选用人工置数法。

（4）对于运行中的一次设备，其测控装置不具备遥测模拟功能，且不具备专用遥测模拟软件的，在做好二次外部回路隔离措施的基础上，可使用虚负荷测试法进行传动验收。

（5）对于停电的一次设备，宜采用虚负荷测试法进行传动验收。

（二）遥信信息的验收

1. 遥信信息验收的技术原则

以调控（集控）后台为主，完成调控（集控）系统一一对应遥测传动检验。运行中开关、刀闸的遥信可采用核对方式，确保与运行方式一致；其他遥信应采用由合到分或由分到合的变化遥信传动检验，可采用测控装置模拟、专业软件模拟、短接测控屏遥信端子等方法传动，通过串口通信等报文方式采集的遥信，可通过规约转换装置人工置数的方式进行模拟传动。

2. 遥信传动的安全措施

（1）遥信传动前，调控（集控）主站应做好运行设备遥信数据的隔离工作，防止传动过程中干扰电网运行。

（2）使用端子排短接法传动遥信状态前，应对测控装置的二次回路采取防误碰措施。对于二次回路的隔离措施，应有书面记录，工作结束后，按照记录恢复成原有状态。

（3）传动过程中，重启远动装置应提前告知调控（集控）主站。对于远动装置冗余配置的，应避免发生多台装置同时重启而引起的通道中断等情况。

（4）对于采用专用软件模拟法进行遥信传动的，应做好安全防护工作。

3. 遥信信息验收的具备要求

（1）每个遥信传动应包含“动作”和“复归”、“合”和“分”、“投入”和“退出”的完整过程。

（2）传动过程中，应避免对正常监控运行造成干扰。

（3）遥信防抖设置由变电站现场进行验收，调控（集控）主站应随机抽取部分信号对遥信防抖功能进行测试。

（4）变电站采用多条数据传输通道的，应对每条数据传输通道进行遥信传动验收或采取通道间的数据比对确认的措施。

（5）遥信验收时，验收人员应同步检查告警窗（直采、告警直传及 SOE）、接线图画面、光字牌画面，各相关画面的遥信应同时发生相应变化，同时还应检查音响效果是否正确。

（6）事故总合成信号应对全站所有间隔进行触发试验，保证任一间隔保护动作信号或开关位置不对应信号发出后，均能可靠触发事故总信号并传至调控（集控）主站，且在保持一定时间后能够自动复归。其他合成信号应逐一验证所有合成条件均能可靠触发总信号并传至调控（集控）主站。

（7）遥信传动过程中，应有完整的验收记录，整理并妥善保存验收记录。

4. 遥信信息验收的方法

遥信信息验收方法包括整组传动、测控装置模拟法、专用软件模拟法、人工置位法、端子排短接法。

5. 遥信信息验收的方法选择

遥信信息验收方法根据现场设备的实际状态，综合考虑数据可靠性、安全风险和工作效率，选择合适的方式方法，对各个遥控信号进行传动。

（1）对于停电的一次设备，宜采用整组传动的方法进行传动验收。

（2）对于运行的一次设备，在站内遥信状态验收合格的基础上，若测控装置本身具备遥信模拟功能的，可采用测控装置模拟法；测控装置本身不具备遥信模拟功能的，可选用专用软件模拟法或端子排短接法进行遥信传动。

（3）对于运行中的一次设备，且通过串口或网络通信等报文方式采集的遥信（一体化电源、消弧线圈等），可选用人工置位法进行模拟传动。

（三）遥控信息的验收

1. 遥控信息传动验收技术原则

以调控（集控）后台为主，完成调控（集控）系统一一对应遥控传动检验。检验完成后，应满足实际运行遥控操作要求。检修或冷备用状态设备须进行实际遥控传动试验，热备用或运行状态设备原则上检修模拟遥控传动试验，确不具备模拟传动试验设备应停电检修传动试验。

2. 遥控信息传动验收安全措施

（1）遥控传动时，现场一次设备区应设置专人，对设备状态进行确认并提醒邻近工作人员注意，现场和调控（集控）主站应保持通信正常，传动期间做好呼应联系。

（2）调控（集控）主站在进行遥控传动前应做好防止误控的安全措施（如将受控站列入调试区、双人异机、双因子确认等）。

（3）对运行变电站进行遥控传动时，站端应做好防误控措施，如退出全站遥控出口连接片，测控屏远方/就地切换开关旋至就地位置等。

（4）若采用遥控回路测量法，在工作前应做好安全措施（退出遥控出口连接片、断开二次回路等），并做好详细记录。传动结束后，按照安全措施票逐项进行恢复，防止误、漏接线。拆、接线时应做好绝缘隔离措施，防止短路、接地或人身触电。

3. 遥控信息传动验收的基本要求

（1）遥控（调）验收包括开关、刀闸（包括接地开关）、手车遥控、重合闸、备自投装置远方投退软连接片、保护装置远程切换定值区的验收，变压器分接开关挡位遥调等。

（2）遥控测试前，站内应做好必要的安全措施，待现场负责人许可后，方能进行传动测试，防止误控带电设备，进行双人异机监护操作，进行双因子验证。

（3）变电站采用多条数据传输通道的，应对每条数据传输通道分别进行遥控测试。

（4）停电条件下，每个开关、刀闸（包括接地开关）、手车遥控传动应包含“一合一分”的完整过程；遥控软连接片传动应包含“一投一退”的完整过程；切换保护装置定值区传动每套保护装置应至少完成一次定值区切换操作，变压器挡位遥调最少进行一次一升一降和急停操作。

（5）遥控传动试验结果应进行“双确认”条件确认。

1）断路器远方操作有合闸、分闸两种方式，采用断路器分合闸位置和相应设备有功功率、无功功率、电流、电压等两个非同原理指示同时变化作为双确认条件。

2）隔离开关远方操作有合闸、分闸两种方式，采用隔离开关双位置、辅助视频、姿态传感器、微动开关和压力传感器等两个非同原理指示同时变化作为双确认条件。

3）变压器分接头远方操作有升档、降档、急停三种方式，采用分接头挡位和相应设备无功功率、电压变化作为双确认条件。

4）重合闸、备自投软连接片投退采用重合闸、备自投软连接片位置、重合闸、备自投装置充电状态等两个指示同时变化作为双确认条件。

5）保护软连接片投退采用主保护软连接片位置、保护功能等两个指示同时变化作为双确认条件。

（6）开关具备同期功能的，应进行同期遥控试验。试验时应对同期条件满足、不满足两种情况分别进行测试。

（7）遥控操作应遵循“遥控选择，遥控返校，遥控执行”的流程。

（8）调控（集控）主站在确认遥控的目标、性质和遥控结果一致后，进行书面记录，待全部遥控传动完毕后，整理并妥善保存传动记录。

4. 遥控信息验收方法

遥控信息验收方法包括实际遥控法、装置确认法、装置替换法、报文解析比对法、遥控回路测量法。

5. 遥控信息验收方法选择

遥控信息验收方法根据现场一次设备的运行情况，综合考虑数据可靠性、安全风险和工作效率，选择合适的方式方法，对各个遥控对象进行传动。必要时应结合停电进行遥控传动。

（1）对于停电的及具备停电条件的一次设备，应采用实际遥控法进行遥控实传；对于安全自动装置及双重化配置的继电保护装置，在继电保护和安全自动装置退出的条件下，可采用实际遥控法进行继电保护及安全自动装置的遥控实传；对于单套配置的保护装置，应在一次设备停电的条件下进行遥控实传。

（2）对于不具备停电条件的一次设备，在站内遥控功能验收合格的基础上，若测控装置具备显示或查阅遥控预置报文的功能，优先选用装置确认法；若不具备，根据实际情况选择装置替换法、报文解析比对法或遥控回路测量法。

（四）调控（集控）主站的验收

1. 监控信息接入调控（集控）主站验收要求

（1）变电站一次设备新（改、扩）建、检修和设备命名变更等情况下，新增或更改接入调控（集控）主站监控信息的，在完成监控信息接入、变更后应进行验收。

（2）变电站综自系统改造、调控（集控）主站系统更换、新上调控（集控）主站备用系统等情况下，影响接入调控（集控）主站监控信息的，在完成相关改造工作后应进行监控信息验收。

（3）变电站端设备或二次回路变更影响接入调控（集控）主站监控信息的，应在完成站内监控系统调试并验证正确后进行与调控（集控）主站的验收；调控（集控）主站系统更换或新上备用系统的，在完成出厂验收并在运行现场完成安装调试后进行监控信息验收工作。

（4）验收时，对于具备停运条件的设备，应对遥测、遥信、遥控（调）信息逐一进行全回路验证。对于不具备停运条件的设备，应对遥测、遥信、遥控（调）信息进行信号回路验证，在条件许可时，应对遥控信息进行全回路验证。

（5）变电站端如配置多套数据处理及通信单元，应在调控（集控）主站端逐一比对各个单元上送的遥测、遥信信息是否一致，分别对各个单元逐一验证遥控（调）信息。

（6）调控（集控）主站应在验收正确后，方可投运和开放相关功能，未进行验收或验收不正确的，应对相关功能的使用做必要限制。

（7）遥测、遥信、遥控（调）信息联调验收具体要求、方法、安全措施等应符合“变电站监控信息验收要求”的规定。

2. 调控（集控）主站监控画面及相关功能验收

（1）监控画面验收：包括一次接线图、间隔分图、光字牌画面，遥信、遥测的封锁、置数、挂牌等操作功能等。其中接线图画面验收包括主接线图验收、间隔分图验收以及站用电交直流图验收等。验收内容包括接线图画面和间隔分图画面是否与现场实际接线方式一致且包含了所有现场设备，设备名称编号是否使用了正确的调度命名，是否包含了所有遥测量，遥测量的封锁、置数功能，光字牌画面是否准确包含了该站全部事故类与异常类信息等，以及各画面间是否能够正常切换和画面置牌等。

（2）实时信息告警窗：信息列表中信息分类是否准确且有统计结果，信息显示内容是否齐全。

（3）数据链接关系验收：包括接线图画面链接关系验收、光字牌画面链接关系验收等，验收内容为检查相关遥测数据、遥信数据、光字牌、设备图元是否与数据库正确关联。当多个画面与数据库中同一量值关联时，应逐一验证各个画面与数据库链接关系的正确性。

（4）遥测限值验收：检查变电站各单元限值设置是否正确。

（5）语音告警及事故推画面功能验收：检查语音告警是否设置准确，以及当调控（集控）主站同时收到变电站事故总信号和该站开关分闸信号时，能否准确推出事故画面。

第四节 监控信息验收流程

一、监控信息表编制

按照《变电站设备监控信息规范》（Q/GDW 11398—2020）和《变电站设备监控信息表管理规定》[国网（调 4）906-2018]的要求由设计单位和变电检修单位分别进行相应的责任范围内变电站监控信息表的编制。

二、监控信息表审核

监控信息表实行分级审核，设计单位、建设管理单位、施工单位、变电检修单位、变电运维单位、设备管理单位（运检部）、调控单位等分别履行各自审核职责。

（1）建设管理单位组织变电站新（改、扩）建工程施工设计审查时，应将变电站设备监控信息纳入审查范围，设备管理单位（运检部）、变电检修单位对监控信息正确性、完整性和规范性进行全面审核。

（2）在施工过程中，施工单位发现设备监控信息表与实际设备不符，建设管理单位负责协调设计单位对信息表进行变更，设计单位根据审核意见进行修改完善。

（3）监控信息审核工作应贯穿集控站所辖变电站新、改、扩建工程全过程。

（4）监控信息进行分级审核，各司其职，最后由设备管理单位（运检部）的监控专业进行最终的审核定稿，各级审核应在规定的工作日内完成。

1）建设管理单位组织进行监控信息审核，审核不通过，由建设管理单位决定是否返回设计单位重新修订。审核通过后，由变电检修单位签章报送变电运维单位的监控专业进行审核。

2）变电运维单位的监控专业对设备监控信息点表进行审核，审核不通过，即退回上一节点重审。

3）调控单位和设备管理单位（运检部）对监控信息表及其他申报资料进行批复。

三、提交接入验收申请

（1）新建工程应在监控信息联调前 20 个工作日提交监控信息接入验收申请。改、扩建工程 10 个工作日提交监控信息接入验收申请，其他需要进行信息变更验收的工作应在不影响工作进度的前提下提前提交监控信息接入验收申请。

（2）完成监控信息现场调试验收后，变电检修单位向变电运维单位提交接入验收申请。申请中应包括：①接入规模和计划、监控信息表调试稿、一次接线图、设备调度命名文件、监控信息现场验收确认单等相关资料；②改、扩建工程同时提交变更后的保护配置表、设备运行限值（最小载流原件、阈值表）等资料。

（3）变电运维单位应在接收到申请后，新建工程 7 个工作日（改、扩建工程 4 个工作日）内组织相关专业对监控信息完成审核批复，将监控信息调试稿批准发布至调控单位、集控站、变电检修单位进行维护。

四、调控（集控）系统维护

调控单位、集控站及变电检修单位依据正式发布的监控信息表调试稿和限值，新建工程 7 个工作日（改、扩建工程 4 个工作日）内完成主站端数据维护、画面制作、通道调试、信息接入等工作。

五、验收前工作准备

变电检修单位、建设管理单位（部门）依据正式发布的监控信息表调试稿，验收前完成站端自动化系统设备调试、数据维护、后台画面制作、通道调试等工作。

调控单位及集控站依据正式发布的监控信息表调试稿，验收前完成主站端自动化系统设备调试、数据维护、后台画面制作、通道调试等工作。

六、监控信息验收

（1）建设管理单位（部门）组织新（改、扩）建工程监控信息联调验收，各验收参与单位遵循《变电站集中监控验收技术导则》（Q/GDW 11288—2014）要求，按照审定的调试稿或验收卡对变电站监控信息逐一核对，并进行遥测、遥信传动和遥控实传，检查限值维护情况。变电运维单位组织对更改监控信息进行验收。

（2）监控信息调试报告包括监控信息表、调试（验收）情况、调试（验收）人、时间等情况。

（3）监控信息验收过程中发现的问题，纳入监控许可流程管控。问题由相关责任单位消除后，应进行信息复验，必要时重新履行监控信息接入验收流程。

七、监控信息校核

完成监控信息联调验收工作后，变电检修单位、变电运维单位对站端监控信息、主站系统监控信息、监控信息表进行三方校核，确保监控信息正确一致，达到设备启动送电条件。

八、资料归档

验收完成后，设备管理部门将校核后的监控信息表作为正式稿进行发布和归档，为下一次变电站设备监控信息接入工作做好资料准备。

设备管理部门对变电运维单位提交的变电站集中监控许可申请及相关资料进行审核，并做好监控业务移交准备工作。

变电站实施集中监控技术资料验收包括以下内容（变更监控信息验收资料参照以下内容进行）：

（1）集中监控信息表审核确认单；

（2）变电站监控信息表；

（3）监控信息接入申请单；

（4）变电站设备台账，即一、二次设备台账及辅助设备台账；

（5）变电站 GIS 设备气隔图；
（6）变电站一次主接线图；
（7）变电站内交、直流系统图；
（8）设备调度命名文件；
（9）保护配置表；
（10）重合闸投入表；
（11）低频减载投入表；
（12）设备运行限额（最小载流元件表、遥测越限阈值表）；
（13）变电站现场运行规程；
（14）变电站集中监控验收作业指导；
（15）自查报告（监控信息未接入清单及说明、遗留缺陷及问题清单及说明等）；
（16）变电站集中监控交接验收报告；
（17）变电站集中监控交接评估报告。

第五节 监控信息自动验收技术

监控信息自动验收是基于现有调度（集控）自动化系统框架遵循电力行业标准和国家电网公司企业标准，满足全过程覆盖、全回路验证、全通道比对、全信息校验的监控信息验收要求，通过专用程序和装置完成变电站监控信息接入智能电网调度控制（集控）系统的验收工作，实现远动信息与现场监控信息同步验收、远动信息自动触发及验收报告归档等功能，可以极大地提高监控信息验收的效率。

监控信息自动验收适用于新建和改扩建变电站监控信息接入智能电网调度控制系统的自动验收管理。改、扩建变电站监控信息采用自动验收时需考虑不影响变电站在运设备的正常运行及监视。

一、总体要求

（1）满足全过程覆盖、全回路验证、全通道比对、全信息校验的监控信息验收要求。

（2）应遵循 DL/T 860、DL/T 634.5104、Q/GDW 1680 及 Q/GDW 11627 等标准，实现变电站监控信息自动化验收的标准化。

（3）变电站侧自动验收装置（测试仪）采用一体化及模块设计，满足相关技术性能及功能（远动配置静态校核、远动信息与现场监控信息同步验收、远动信息动态闭环校核、远动信息自动触发、监控信息归档等）要求，并满足后续功能的扩展要求。

（4）调控（集控）主站侧自动验收功能模块应基于智能电网调度控制（集控）系统基础平台实现，采用模块化设计，系统构架、通信接口和相关技术符合 Q/GDW 1680 系列标准的要求，满足前端配置静态校核、监控信息自动验证、监控画面验证、监控信息验收管理等功能。

（5）安全防护应该遵循国家发展和改革委员会（2014）第 14 号令《电力监控系统安全防护规定》。

二、安全防护要求

（1）安全防护应该遵循国家发展和改革委员会（2014）第 14 号令《电力监控系统安全防护规定》。

（2）应遵循“安全分区、网络专业、横向隔离、纵向加密”的原则，保证标准变电站监控信息自动验收系统网络安全。

（3）监控信息自动验收相关软件应通过国家相关机构的安全监测认证和代码安全审计，应采用安全可靠的操作系统、数据库、中间件等基础软件，应封闭网络设备和计算机设备的空闲网络端口和其他无用的端口。

（4）变电站自动验收装置（测试仪）应具备有资质的第三方检测机构出具的安全性测试报告。

（5）变电站自动验收装置（测试仪）应采用安全操作系统，并进行网络安全加固处理，具备防恶意代码攻击、权限管理、密钥认证、审计功能等安全防护能力。

（6）验收过程中的控制操作均应设置操作权限、通过口令校验后方可执行，并记录用户名、操作时间、操作内容等详细信息。

（7）验收过程中应通过完备的技术手段，保证不影响运行系统与设备。

（8）在设备选型及配置时，应当禁止选用经国家相关管理单位检查认定并经国家能源局通报存在漏洞和风险的系统及设备。

三、自动验收的条件

（一）自动验收基本条件

1. 变电站监控系统具备的基本条件

（1）变电站监控系统应遵循 DL/T 1403《智能变电站监控系统技术规范》。

（2）变电站站控层网络采用 DL/T 860 通信。

（3）数据通信网关机应遵循 Q/GDW 11627 标准，具备 RCD 文件导出功能。

（4）数据通信网关机具备导入变电站监控信息表自动生成信息点号及中文描述功能。

（5）待检变电站应完成变电站监控系统图模制作及数据通信网关机规程配置工作，站内网络通信正常。

2. 调控/集控具备的基本条件

（1）应遵循 Q/GDW 1680.1、Q/GDW 1680.31、Q/GDW 1680.36、Q/GDW 1680.41 等

系列标准。

（2）与变电站信息交互采用 DL/T 634.5104 及 DL/T 476 通信规约。

（3）对于待验收变电站已完成主站侧图模库制作工作，前置通道与变电站通信正常。

（二）自动验收子站验收条件

（1）变电站站内网络架设完毕，远动根据点表配置调测完毕，确保站内 104 协议可以使用。

（2）变电站通信管理机配置 4 个网络地址、端口号、子网掩码及厂站地址（模拟主站使用）。

（3）变电站数据通信网关机提供自身各通道网络地址、端口号、子网掩码及厂站地址。

（4）变电站集成商将配置 IP 等加入白名单。

（三）主站验收系统验收条件

（1）子站完成自动验收，验收报告已提交运检部，并经运检部监控专业负责人审核通过。

（2）变电站至省级监控、各地市调控机构及集控站调度数据网已联通。

（3）提供现场调试后的最终版监控信息表。

四、自动验收的流程

监控信息自动验收涉及调控/集控主站侧、站端侧及调度数据网传输环节，需要在调控/集控主站侧增加自动验收功能模块，在站端侧增加自动验收功能模块（测试仪）。

（1）新建变电站已完成施工、监理、建设管理单位组织的自验收，具备运维检修单位入场验收条件。

（2）建设管理单位配合运维检修单位完成自动验收装置的现场参数配置、通信接入等工作。

（3）现场具备验收条件后，运维检修单位开展变电站监控后台与自动验收子站同步验收，完成监控信息表修改。

（4）自动验收子站信息验收合格后，子站生成验收报告，建设管理单位、 运维检修单位验收负责人签字盖章并将验收报告提交调控（变电运维）单位审核。

（5）设备管理部门收到运维检修单位提交的子站自动验收报告并审核，确认具备主、子站联调验收条件后，组织设备运维单位开展主站验收。

（6）自动验收主站、子站联调验收合格后，主站生成验收报告，经设备管理部门专业负责人审核通过，自动验收结束。若存在问题，经现场检查确认消缺后，自动验收主站对存在问题进行复验。

（7）自动验收全过程均结束后，采用人工核对方式抽检现场部分信息（抽检率应不少于 30%），确保自动验收系统验收信息的准确性、可靠性。

（8）自动验收结束后相关调控（变电运维）单位，应结合现场信息抽检完成调控（变电运维）单位的监控信息验证。

站端远动配置校核与主站端前置配置校核可并行开展，配置校核结果自动生成过程记录，验收结果自动生成验收报告，这个验收过程要包括六个验收过程。

（1）数据通信网关机远动配置校核，对变电站监控信息表、RCD及SCD三者进行一次性校核，校核结果自动生成验收记录，完成远动信息的静态校核。

（2）并行开展调控/集控主站侧前置配置校核，以变电站监控信息表为基准，对前置点表及监控信息表一致性校核，校核结果自动生成验收记录，完成调控/集控主站侧前置配置信息的静态校核。

（3）远动信息与现场监控信息同步验收，由人工确认验收结果，对验收结果生成站端验收报告，完成远动转发信息的动态验收。

（4）远动信息闭环校核，包括单点闭环信息校核及合成逻辑信号验证，对闭环校核结果生成验收记录，完成站内远动信息动态闭环校核。

（5）主/子站校核信息自动验证，由站端（变电站侧）站端验收装置（测试仪）按照预设策略触发远动转发数据上送，调控/集控主站侧功能模块根据预设策略自动验收接收到的信息，对验收结果生成验收报告，完成主站前置信息自动验收。

（6）调控/集控主站侧监控画面验收，基于调控/集控主站侧信息源触发技术验证监控画面图模关联正确性，完成监控画面验证。

五、自动验收应急处置原则

现场自动验收发现问题应记录清楚，消缺复验应逐条核对确认。若现场工作对已完成自动验收的信息存在影响，应重新进行自动验收核对，确保所有监控信息均准确、可靠上送。

自动验收期间，若自动验收系统或装置发生异常或其他异常情况影响自动验收装置正常使用，且短时无法解决，为不影响验收进度，须终止自动验收，采用人工核对方式。

自动验收期间，若站内运行设备发生异常或跳闸，应立即停止自动验收工作，待缺陷消除或查明原因后方可继续开展验收。

六、监控信息自动验收其他要求

具备自动验收的变电站，自动验收全过程均结束后，宜采用自动验收与人工抽检相结合的方式（抽检率应不少于30%），确保监控信息验收过程完整、可靠。

现场自动验收发现问题应记录清楚，消缺复验应逐条核对确认。若现场工作对已完成自动验收的信息存在影响，必要时应重新进行自动验收核对，确保所有监控信息均准确、可靠上送。

考虑验收工作量及安全性，自动验收原则上仅开展遥信、遥测验收，遥控（遥调）仍采用人工核对方式。

涉及相关调控（变电运维）单位的应结合现场信息抽检完成相关调控（变电运维）单位信息验证。

第六章　集控站变电设备典型监控信息释义及处置

集控站一、二次主设备和辅控设备的运行状态是集中监控的主要监控对象，监控信息是集控站监控人员远程诊断变电设备运行状态的重要依据。为了加强变电设备管理，提升变电设备监控强度和对异常信息处置效率，须能正确监视并及时处置设备异常告警信息，这是电网设备安全稳定运行的重要保障。本章介绍集控站变电一、二次设备和辅控设备典型监控信息释义、常见原因分析、后果及危险点、一般处置方法。

第一节　一次设备典型监控信息释义及处置

一、变压器典型信息

1. 变压器冷却器全停跳闸

信息释义：变压器冷却器全停延时跳闸时发此信号（一般适用于强油风冷类型）。冷却器全停保护用于监测变压器冷却系统运行情况，当遇到冷却器两路电源全部故障或所有冷却器同时故障时启动。冷却器全停保护并非故障一发生即启动，一般情况下允许带额定负荷运行 20min。如 20min 后顶层油温尚未达到 75℃，则允许上升到 75℃，但在这种状态下运行的最长时间不得超过 1h。

常见原因分析：①两组冷却器电源消失；②一组冷却器电源消失后，自动切换回路故障，造成另一组电源不能投入；③冷却器控制回路或交流电源回路有短路现象，造成两组电源自动空气开关跳开；④经过整定延时，两组冷却器电源未恢复。

后果及危险点：变压器各侧断路器跳闸。可能造成其他主变重过载；如果此时站内其他变压器故障跳闸，将造成变电站全停事故。

一般处置方法：①检查变压器各侧断路器位置及电流值，确认变压器各侧断路器已跳开；②梳理告警信息，查看备自投动作情况，是否有负荷损失；③记录时间、站名、跳闸变压器编号及负荷损失情况，汇报调度，通知运维人员检查设备；④正常情况下，监控员应在发出“冷却器全停告警”时，即通知运维人员到达现场处理；⑤加强对运行变压器负荷及油温的监视；⑥跟踪现场检查结果及处理进度，做好相关记录和沟通汇报；⑦配合调度做好事故处理。

2. 变压器冷却器全停告警

信息释义：冷却器两路电源全部故障。冷却器两路工作电源监视继电器的动断触点串联后接入该信号回路。冷却器两路电源全部故障同时伴有该台变压器的冷却器故障、冷却器第一路电源消失、冷却器第二路电源消失等信号，此时风扇、油泵均停止运行。

常见原因分析：①两组冷却器电源消失；②一路冷却器电源消失后，自动切换回路故障，造成另一路电源不能投入；③冷却器控制回路或交流电源回路有短路现象，造成两路电源自动空气开关跳开。

后果及危险点：变压器失去散热功能，可能导致变压器温度长时间过高，进而致使绝缘性能下降，影响设备寿命。对于投入冷却器全停跳闸的变压器，如果冷却器全停时间过长将导致变压器跳闸。

一般处置方法：①通知运维人员检查设备；②核实变压器冷却系统类型，是否投入冷却器全停跳闸；③如变压器属于强油风冷类型，应立即汇报调度；④加强对变压器负荷和油温的监视；⑤跟踪现场检查结果及处理进度，做好相关记录和沟通汇报。

3. 变压器冷却器故障

信息释义：任一组风扇、油泵故障发此信号。

常见原因分析：①冷却器风扇电机过载、热耦继电器等动作；②冷却器风扇电机、油泵故障；③冷却器交流电源或控制电源消失。

后果及危险点：故障冷却器退出运行，备用冷却器投入运行。如果备用、辅助冷却器故障，可能导致散热能力不足，变压器过热。

一般处置方法：①通知运维人员检查设备；②核实现场变压器冷却器运行状况；③加强对变压器负荷和油温的监视；④跟踪现场检查结果及处理进度，做好相关记录和沟通汇报。

4. 变压器辅助冷却器投入

信息释义：变压器温度或负荷达到整定值，辅助状态的冷却器投入运行时发出。

常见原因分析：①按上层油温启动：上层油温高于 55℃时，辅助冷却器启动，启动后即使油温低于 55℃，经保持回路继续运行，当上层油温低于 45℃时，辅助冷却器停止；②按绕组温度启动：当绕组温度高于整定值时，辅助冷却器启动；③按负荷启动：当负荷电流高于整定值时，辅助冷却器启动。

一般处置方法：①查看变压器负荷及油温，若负荷和油温较低，应通知运维人员检查辅助冷却器异常启动原因；②正常辅助冷却器投入，无须处理，但监控员应加强对变压器负荷和油温的监视，若油温继续上升，应立即汇报调度，通知运维人员检查；③跟踪现场检查结果及处理进度，做好相关记录和沟通汇报。

5. 变压器备用冷却器投入

信息释义：因有冷却器电源断路器跳闸、风扇热偶继电器动作等原因，变压器冷却器故障，备用状态冷却器投入，由变压器相应的告警继电器接点发出。

常见原因分析：①工作冷却器故障；②辅助冷却器投入后故障。

后果及危险点：工作或辅助冷却器停止运转，虽有备用冷却器投入，但仍可能影响变压器散热。如果此时备用冷却器故障，可能造成变压器散热能力严重下降，影响变压器运行。

一般处置方法：①查看是否有冷却器故障信息发出；②通知运维人员到站检查；③加强变压器负荷和油温的监视；④监控员跟踪现场检查结果及处理进度，做好相关记录和沟通汇报。

6. 变压器本体重瓦斯出口

信息释义：变压器本体内部故障引起油流涌动冲击挡板或变压器严重渗漏导致重瓦斯浮球下降，接通本体气体继电器重瓦斯干簧触点，造成本体重瓦斯动作。

常见原因分析：①变压器本体内部发生严重故障；②变压器本体气体继电器故障或二次回路故障。

后果及危险点：变压器各侧断路器跳闸。可能造成其他主变重过载；如果此时站内其他变压器故障跳闸，将造成变电站全停事故。

一般处置方法：①检查变压器各侧断路器位置及电流值，确认变压器各侧断路器已跳开；②梳理告警信息，查看备自投动作情况，是否有负荷损失，是否有消防类信息动作；③记录时间、站名、跳闸变压器编号、保护信息及负荷损失情况，汇报调度，通知运维人员检查设备；④加强对运行变压器负荷及油温的监视；⑤跟踪现场检查结果及处理进度，做好相关记录和沟通汇报；⑥配合调度做好事故处理。

7. 变压器本体轻瓦斯告警

信息释义：变压器本体内部轻微故障，接通本体气体继电器轻瓦斯干簧触点，造成本体轻瓦斯告警。

常见原因分析：①变压器本体内部有轻微故障；②油温骤然下降或渗漏油使油位降低；③滤油、加油、换油、硅胶更换等工作后空气进入变压器；④变压器本体气体继电器故障或二次回路故障。

后果及危险点：变压器内部可能有轻微故障，损害变压器。进一步发展可能会恶化，造成重瓦斯保护动作，跳开变压器各侧断路器。

一般处置方法：①梳理告警信息，汇报调度，通知运维人员；②加强对运行变压器负荷及油温的监视；③核实现场变压器运行情况；④跟踪现场检查结果及处理进度，做好相关记录和沟通汇报。

8. 变压器本体压力释放告警

信息释义：当变压器本体内部故障压力不断增大到其开启压力时，本体压力释放阀动作，释放变压器压力，防止变压器故障扩大。

常见原因分析：①变压器内部铁芯或线圈故障，油压过大，从释放阀中喷出；②负荷大、温度高，使油位上升，向压力释放阀喷油；③变压器本体压力释放阀触点故障或二次回路故障。

后果及危险点：变压器压力释放阀喷油。若变压器内部故障，进一步发展可能会导致变压器跳闸。

一般处置方法：①梳理告警信息，汇报调度，通知运维人员；②加强对运行变压器负荷及油温的监视；③核实现场变压器运行情况；④跟踪现场检查结果及处理进度，做好相关记录和沟通汇报。

9. 变压器本体油温过高告警

信息释义：该信号由温度计的微动开关（行程开关）来实现。油温高于超温告警过高限值时，温度计的指针到微动开关设定值，微动开关的动合触点就闭合，发出该信息。

常见原因分析：①变压器冷却器故障或全停；②变压器长期过负荷；③变压器本体内部轻微故障；④油面温度计、二次回路故障或散热器阀门未打开。

后果及危险点：根据变压器绝缘老化“6 度法则”（当变压器绕组温度在 80～130℃范围内，温度每升高 6℃，其绝缘老化速度将提高一倍），超出变压器允许温升情况下的长时间运行将严重损害变压器的寿命。温度持续上升，会造成绝缘性能下降，可能出现绝缘放电、火灾等严重事故。

一般处置方法：①检查变压器油温、绕组温度及负荷情况；②检查是否有变压器冷却系统故障信息；③汇报调度，通知运维人员到站检查；④与现场核对油温显示是否一致，变压器冷却器是否运行正常；⑤加强对运行变压器负荷及油温的监视；⑥跟踪现场检查结果及处理进度，做好相关记录和沟通汇报。

10. 变压器本体油位异常

信息释义：变压器本体油位过高或过低。当油位上升到最高油位或下降到最低油位时，本体油位计相应的干簧触点开关（或微动开关）接通，发出报警信号。

常见原因分析：

（1）油位过高：①大修后变压器本体储油柜加油过满；②本体油位计损坏造成假油位；③本体储油柜胶囊或隔膜破裂造成假油位；④本体呼吸器堵塞；⑤变压器本体部分油温急剧升高。

（2）油位过低：①变压器本体部分存在长期渗漏油，造成油位偏低；②本体油位计损坏造成假油位；③本体储油柜胶囊或隔膜破裂造成假油位；④变压器本体部分油温急剧降低；⑤工作放油后未及时加油或加油不足。

后果及危险点：如果本体油位过低，将会影响变压器内部线圈的散热与绝缘；如果本体油位过高，可能造成油压过高，有导致变压器本体压力释放阀动作的危险。如果本体油位持续降低可能导致绕组线圈过热、绝缘击穿，甚至变压器跳闸。

一般处置方法：①汇报调度，通知运维人员到站检查；②与现场核对变压器实际油位是否偏高或偏低；③加强对运行变压器负荷及温度的监视；④跟踪现场检查结果及处理进度，做好相关记录和沟通汇报。

11. 变压器本体非电气量保护装置故障

信息释义：变压器非电气量保护装置自检、巡检发生严重错误，装置闭锁所有保护功能。

常见原因分析：①装置内部元件故障；②保护程序出错等，自检、巡检异常；③装置直流电源消失。

后果及危险点：闭锁所有保护功能，保护无法正常动作。变压器发生内部故障，保护拒动，可能会造成变压器严重损坏。

一般处置方法：①汇报调度，通知运维人员到站检查；②与现场核实非电气量保护装置运行状况；③确认是否需要退保护处理；④跟踪现场检查结果及处理进度，做好相关记录和沟通汇报。

12. 变压器本体非电气量保护装置异常

信息释义：变压器非电气量保护装置自检、巡检发生错误，不闭锁保护，但部分保护功能可能会受到影响。

常见原因分析：装置长期启动，装置自检、巡检异常等。

后果及危险点：退出部分保护功能。变压器发生内部故障，保护无法正常动作，可能会造成变压器损坏。

一般处置方法：①汇报调度，通知运维人员到站检查；②与现场核实非电气量保护装置运行状况；③确认是否需要退保护处理；④跟踪现场检查结果及处理进度，做好相关记录和沟通汇报。

13. 变压器过载闭锁有载调压

信息释义：变压器过负荷运行时，禁止有载调压，所以有载断路器内部对调挡启动节点进行闭锁，同时发出此信号。

常见原因分析：系统负荷增加，超过变压器过负荷界限。

后果及危险点：变压器无法有载调压。如果长时间过负荷运行，会导致变压器损耗增大、输出电压降低、使用寿命降低。

一般处置方法：①梳理告警信息，查看变压器负荷情况及油温，汇报调度，通知运维人员检查设备；②加强对该变压器间隔信号及油温负载的监视；③申请将该变压器间隔 AVC 退出；④跟踪现场检查结果及处理进度，做好相关记录和沟通汇报；⑤消缺后及时申请将 AVC 投入。

14. 变压器有载调压调挡异常

信息释义：变压器有载调压分接开关在调挡过程中出现滑挡、拒动等异常情况或者与实际挡位不符。

常见原因分析：①交流接触器剩磁或油污造成失电超时，顺序开关故障或交流接触器动作配合不当；②操作电源电压消失或过低；③有载调压电机及二次回路故障；④有载调压“远方/就地”切换开关在就地位置，远方控制失灵；⑤挡位控制器故障。

后果及危险点：分接开关调挡异常，造成本次调挡失败或调挡错误。可能无法继续正常调压。

一般处置方法：①梳理告警信息，查看变压器实际挡位变化，通知运维人员检查设备；②申请将该变压器间隔 AVC 退出；③跟踪现场检查结果及处理进度，做好相关记录和沟通汇报；④消缺后及时申请将 AVC 投入。

15. 变压器有载调压电源消失

信息释义：变压器有载调压控制或电机电源消失，发出该信号。

常见原因分析：①有载调压分接开关交流电源短路或缺相，交流电源自动空气开关跳闸；②有载调压分接开关直流失压或控制回路故障；③有载调压装置电机电源回路故障。

后果及危险点：无法正常调压。因无法正常调压，可能造成并列变压器挡位不一致。

一般处置方法：①梳理告警信息，通知运维人员检查设备；②申请将该变压器间隔 AVC 退出；③核实现场有载调压电源运行情况；④跟踪现场检查结果及处理进度，做好相关记录和沟通汇报；⑤消缺后及时申请将 AVC 投入。

二、断路器典型信息

1. 间隔事故总信号

信息释义：断路器故障跳闸或偷跳，发出间隔事故总信号。触发该信号一般有三种方式：

（1）合后位置触点串接断路器动断辅助触点，断路器通过监控系统后台操作合闸时，合后位置触点闭合，断路器通过监控系统后台操作断路器分闸，合后位置触点打开；当保护动作跳开断路器时，断路器动断辅助触点闭合，而合后（此时为接通状态）触点不返回，从而触发故障跳闸的事故信号。

（2）类似于第一种方式，合后位置触点只有当手合或者手分断路器时，随着断路器的分合操作，闭合或者打开；当保护动作跳相应的断路器时，合后位置触点保持在闭合，而跳闸位置继电器跳闸相的动合触点闭合，从而形成通路，发出事故跳闸信号。

（3）保护动作跳闸触点串接断路器动断辅助触点，当保护动作跳闸的同时加上断路器跳闸相的动断辅助触点闭合后形成通路，发出某断路器的事故跳闸信号。现在这种方式已不常用，且此种方式下断路器偷跳无法触发事故跳闸信号。

各种故障导致的断路器跳闸或断路器本身偷跳后发出此信号,当变电站监控机上出现这个信号时必须引起高度重视。常规变电站事故总信号由操作箱内的二次回路实现；智能变电站事故总信号则由智能终端内的回路或逻辑实现。

常见原因分析：①设备故障、线路故障、外力破坏等引起的断路器跳闸；②断路器偷跳。

后果及危险点：无。

一般处置方法：①梳理告警信息，查看是否有保护动作类信息及变位信息；②及时汇报调度，通知运维人员到站检查；③具备条件的，查看视频和故障录波，辅助判断故障情况；④确认现场是否有断路器跳闸情况，核实现场设备是否有异常；⑤跟踪现场检查结果及处理进度，做好相关记录和沟通汇报；⑥配合调度做好事故处理。

2. 断路器机构三相不一致跳闸

信息释义：适用于三相非联动断路器，三对动断触点并联，三对动合触点并联，两个并联回路串联，当断路器发生三相位置不一致时发出此告警。

常见原因分析：①断路器三相位置不对应；②断路器位置触点接触不良或损坏。

后果及危险点：断路器缺相运行。断路器延时跳闸。

一般处置方法：①梳理告警信息，查看断路器位置及电流值是否对应；②及时汇报调度，通知运维人员到站检查；③确认现场断路器跳闸情况及设备是否有异常；④跟踪现场检查结果及处理进度，做好相关记录和沟通汇报；⑤配合调度做好事故处理。

3. 断路器SF_6气压低告警

信息释义：SF_6压力低于告警值。该信号适用SF_6断路器（即采用SF_6气体做灭弧和绝缘介质的断路器），由SF_6气体密度继电器触点发出。

常见原因分析：①断路器有SF_6泄漏点：气管连接处、气管焊接头、极柱法兰面等，压力降低到告警值；②SF_6气体压力表或密度继电器损坏；③压力处于临界值时，环境温度下降引起SF_6压力值下降；④电缆芯绝缘降低，导致信号误发。

后果及危险点：①SF_6气体泄漏压力进一步降低可能闭锁断路器分合闸；②SF_6气体压力表或密度继电器故障无法准确监视SF_6气体压力。如果因漏气导致气压降低，且持续发展造成断路器SF_6压力低闭锁，此时与本断路器有关设备故障，断路器无法正常跳开，将造成事故范围扩大。

一般处置方法：①通知运维，汇报相关调度；②核实现场实际压力值及SF_6额定压力、告警压力值、闭锁压力值，询问压力变化趋势；③跟踪现场检查结果及处理进度，做好相关记录和沟通汇报。

4. 断路器SF_6气压低闭锁

信息释义：断路器SF_6压力降低至闭锁压力值，由气体密度继电器发出，并闭锁断路器合闸、分闸回路，一般会伴有断路器SF_6压力低告警和控制回路断线信号。

常见原因分析：①断路器有 SF_6 泄漏点：气管连接处、气管焊接头、极柱法兰面等，压力降低到告警值；②SF_6 气体压力表或密度继电器损坏；③电缆芯绝缘降低，导致信号误发。

后果及危险点：将造成断路器分合闸总闭锁，无法进行分合操作。如果此时与本断路器有关设备故障，断路器无法正常跳开，将造成事故范围扩大。

一般处置方法：①通知运维，汇报相关调度；②核实现场实际压力值及 SF_6 额定压力值、告警压力值、闭锁压力值，询问压力变化趋势；③跟踪现场检查结果及处理进度，做好相关记录和沟通汇报。

5. 断路器油泵启动

信息释义：断路器油压降至油泵启动值，油泵储能电机启动打压。

常见原因分析：当液压压力降至启动值时，电机控制回路继电器动作，启动电机并发此信号，储能电机启动。

后果及危险点：正常频次打压属于正常现象。若机构频繁启泵会损坏储能电机，造成断路器无法储能；若压力继续降低，可能导致断路器闭锁。

一般处置方法：①如出现油泵频繁启动的情况，应通知运维人员到站检查；②与运维人员核实油泵频繁启动及压力情况，并对此断路器机构信号加强监视；③跟踪现场检查结果及处理进度，做好相关记录和沟通汇报。

6. 断路器油泵打压超时

信息释义：储能电机启动时间过长，油泵打压超时信号发出，闭锁电机电源。

常见原因分析：①泄压阀处于泄压状态；②机械式压力微动开关触点粘连导致安全阀启动；③储能电机控制继电器触点粘连；④油泵内有异物不能建压；⑤油泵内有气体；⑥油泵损坏；⑦时间继电器功能错误或失效。

后果及危险点：储能电机启动时间过长，可能造成液压机构压力过高或储能电机损坏。若压力不能正常建立，可能造成断路器油压进一步降低，闭锁断路器部分操作回路。

一般处置方法：①通知运维人员检查设备；②核实现场实际压力值及启泵、停泵压力值，额定压力值，闭锁重合闸、闭锁合闸、闭锁分闸压力值；③询问压力建立情况及油泵电机运转情况；④跟踪现场检查结果及处理进度，做好相关记录和沟通汇报。

7. 断路器弹簧未储能

信息释义：断路器的合闸弹簧未储能时发此信号。一般合闸操作时断路器会发出弹簧未储能信号，但应及时复归。当弹簧未储能或能量释放后，发出“断路器弹簧未储能”信号。

常见原因分析：①断路器正常合闸后发出该信息；②储能行程开关损坏；③储能电机电源故障；④储能电机故障；⑤电机控制回路故障。

后果及危险点：弹簧未储能闭锁合闸回路，未储能只能进行分闸操作，断路器跳闸后断路器不能重合。如果此时与本断路器有关设备故障，断路器无法进行重合，将造成负荷损失。

常见原因分析：①气室有 SF_6 泄漏点：气管连接处、气管焊接头、法兰盆、波纹管等，压力降低到告警值；② SF_6 气体压力表或密度继电器损坏；③压力处于临界值时，环境温度下降引起 SF_6 压力值下降；④电缆芯绝缘能力降低，导致信号误发。

后果及危险点：①压力持续降低，相应气室内部绝缘能力降低；②密度继电器故障无法准确监视 SF_6 气体压力。设备绝缘水平降低，可能造成设备放电。

一般处置方法：①通知运维，汇报相关调度；②核实现场气室实际压力值及 SF_6 额定压力值、告警压力值，询问压力变化趋势；③询问气室内包含哪些设备；④跟踪现场检查结果及处理进度，做好相关记录和沟通汇报。

2. 断路器汇控柜断路器就地控制

信息释义：断路器只能在现场汇控柜内操作。

常见原因分析：断路器现场汇控柜内远方/就地切换断路器切至就地位置。

后果及危险点：此时只能在现场汇控柜内分合断路器，无法在监控系统或测控单元上远方遥控操作，如果断路器在运行位置则同时会影响保护跳闸。如果此时与本断路器有关设备故障，断路器无法正常跳闸，将造成事故范围扩大。

一般处置方法：①核实主站远方/就地切换手把实际位置；②通知运维人员检查设备；③跟踪现场检查结果及处理进度，做好相关记录和沟通汇报。

3. 断路器汇控柜刀闸就地控制

信息释义：刀闸只能在现场汇控柜内操作。

常见原因分析：刀闸现场汇控柜内远方/就地切换断路器切至就地位置。

后果及危险点：此时只能在现场汇控柜内分合刀闸，无法在监控系统或测控单元上远方遥控操作。

一般处置方法：①核实主站远方/就地切换手把实际位置；②通知运维人员检查设备；③跟踪现场检查结果及处理进度，做好相关记录和沟通汇报。

4. 断路器汇控柜交流电源消失

信息释义：反映汇控柜中除储能电机电源之外各交流回路任一回路电源消失。

常见原因分析：①交流回路异常，造成交流电源自动空气开关跳开；②自动空气开关疲劳造成无法保持合闸。

后果及危险点：影响间隔刀闸正常操作，开关汇控柜空调、加热、驱潮、照明等功能。

一般处置方法：①通知运维人员；②查看是否有相关信息发出；③跟踪现场检查结果及处理进度，做好相关记录和沟通汇报。

四、刀闸设备典型信息

1. 刀闸电机电源消失

信息释义：刀闸电机电源自动空气开关跳开或电机热耦跳开，刀闸无法电动操作。

常见原因分析：①电机电源自动空气开关跳闸；②电机电源回路故障；③电机热耦动作；④自动空气开关疲劳造成无法保持合闸。

后果及危险点：刀闸电机电源消失，无法进行正常电动操作。

一般处置方法：①通知运维人员检查设备；②跟踪现场检查结果及处理进度，做好相关记录和沟通汇报。

2. 刀闸机构加热器故障

信息释义：刀闸机构箱内加热器电源回路自动空气开关跳闸或电源失电。

常见原因分析：①加热回路异常，自动空气开关跳闸；②加热自动空气开关疲劳造成合闸无法保持；③加热器故障或温控器故障。

后果及危险点：加热器不能工作，导致刀闸机构箱相应隔室内容易凝露受潮。如果箱内凝露受潮，可能导致二次回路、一次设备绝缘件绝缘水平降低，造成设备误动、拒动或设备湿闪等问题。

一般处置方法：①通知运维人员；②跟踪现场检查结果及处理进度，做好相关记录和沟通汇报。

3. 刀闸控制电源消失

信息释义：刀闸控制回路电源自动空气开关跳开或电源失电。

常见原因分析：①刀闸控制回路断线或电源自动空气开关跳闸；②刀闸控制回路故障。

后果及危险点：刀闸控制电源消失，无法进行遥控操作。

一般处置方法：①通知运维人员；②跟踪现场检查结果及处理进度，做好相关记录和沟通汇报。

五、其他一次设备典型信息

1. 小电流接地系统母线接地

信息释义：小电流接地系统母线发生单相接地时，发出该信息。

常见原因分析：①母线发生单相接地；②母线上的出线发生单相接地。

后果及危险点：单相接地后，非接地相对地电压升高，影响设备绝缘。发生单相接地后，其他相接地即发生短路，会引起设备跳闸。

一般处置方法：①查看接地母线电压变化是否符合接地情况；②查看是否有接地选线信息动作；③通知运维人员，汇报相关调度；④根据调度指令，试停接地线路；⑤跟进母线接地现象是否消失。

2. 电抗器重瓦斯出口

信息释义：电抗器内部故障引起油流涌动冲击挡板，接通其气体继电器重瓦斯干簧触点，造成重瓦斯保护动作，跳开断路器。

常见原因分析：①电抗器内部发生严重故障；②电抗器气体继电器故障或二次回

路故障。

后果及危险点：电抗器断路器跳闸，导致该电抗器无法参与调压。

一般处置方法：①结合断路器变位及其他事故类信息处理；②查看是否有消防火灾类告警信息发动作；③通知运维人员，汇报相关调度；④跟进现场检查结果及处理进度。

3. 电抗器油温高告警

信息释义：该信号由温度计的微动断路器（行程断路器）来实现，当电抗器上层油温升高到告警限值（一般 85℃）时，温度计的指针到微动断路器设定值，微动断路器的动断触点闭合，发出告警信号。

常见原因分析：①电抗器内部轻微故障；②油面温度计或二次回路故障。

后果及危险点：根据绝缘老化“6 度法则”，超出低抗允许温升情况下的长时间运行将严重损害电抗器寿命。长时间高温运行容易导致电抗器绝缘性能下降，引起内部放电，造成设备故障。

一般处置方法：①通知运维人员检查设备；②汇报相关调度；③跟进现场检查结果及处理进度。

4. 电抗器轻瓦斯告警

信息释义：电抗器内部轻微故障，接通其气体继电器轻瓦斯干簧触点，造成轻瓦斯告警。

常见原因分析：①电抗器内部有轻微故障；②油温骤然下降或渗漏油使油位降低；③滤油、加油、换油等工作后空气进入电抗器；④电抗器气体继电器故障或二次回路故障。

后果及危险点：电抗器内部可能有轻微故障，可能会损害电抗器。有进一步发展成严重故障的可能，并可能造成重瓦斯动作跳闸。

一般处置方法：①通知运维人员检查设备；②汇报相关调度；③跟进现场检查结果及处理进度。

5. 电抗器压力释放告警

信息释义：因电抗器本体故障造成压力释放告警，同时释放阀顶杆打开，与外界联通，释放电抗器压力，防止故障扩大。

常见原因分析：①电抗器铁芯或线圈故障，油压过大，油从释放阀中喷出；②大修后电抗器注油过满；③温度高，油位上升，通过压力释放阀喷油；④电抗器压力释放阀触点故障或二次回路故障。

后果及危险点：电抗器压力释放阀喷油，可能导致电抗器油位过低；如果内部故障继续发展，可能导致电抗器跳闸或损坏。

一般处置方法：①查看是否伴随发出瓦斯动作信息；②通知运维人员检查设备；③汇报相关调度；④跟进现场检查结果及处理进度。

6. 电抗器油位异常

信息释义：电抗器油位过高或过低。当油位上升到最高油位或下降到最低油位时，电抗器油位计相应的干簧触点开关（或微动开关）接通，发出报警信号。

常见原因分析：

1）油位过高：①大修后电抗器储油柜加油过满；②电抗器油位计损坏造成假油位；③电抗器油温急剧升高。

2）油位过低：①电抗器存在长期渗漏油，造成油位偏低；②电抗器油位计损坏造成假油位；③电抗器油温急剧降低；④工作放油后未及时加油或加油不足。

后果及危险点：油位过低，将会影响电抗器内部线圈的散热与绝缘；油位过高，会造成油压过高，影响设备安全。可能导致过热、绝缘击穿、喷油以及跳闸等情况发生。

一般处置方法：①通知运维人员检查设备；②汇报相关调度；③询问电抗器实际油位；④跟进现场检查结果及处理进度，做好沟通汇报。

7. 电流互感器SF_6气压低告警

信息释义：该信号适用采用 SF_6 气体做绝缘介质的电流互感器，当 SF_6 压力值降低至报警值，由 SF_6 气体密度继电器触点发出该信息。

常见原因分析：①SF_6 气体泄漏；②气体密度继电器故障；③SF_6 气体压力报警继电器触点粘连；④环境温度突然下降。

后果及危险点：①降低电流互感器的绝缘程度；②密度继电器故障无法准确监视 SF_6 气体压力。SF_6 压力进一步降低，可能导致放电。

一般处置方法：①通知运维人员，汇报相关调度；②核实现场 SF_6 实际压力值、额定值及告警值；③询问压力变化趋势；④跟进现场检查结果及处理进度，做好相关记录。

8. TV二次侧自动空气开关跳开

信息释义：TV 间隔电压二次保护、测量或计量任一回路自动空气开关跳闸。

常见原因分析：①二次电压回路由于异物、污秽、潮湿、小动物等原因引起的短路；②人为误碰、震动等原因引起的自动空气开关跳闸；③自动空气开关老化严重及产品质量等原因导致自动空气开关跳闸；④谐振过电压、TV 内部故障、系统接地等原因造成一次侧熔断器熔断。

后果及危险点：影响与电压相关的保护及备自投、低频减负荷等自动装置正确动作；影响母线电压测量及母线上所接全部间隔的计量。变压器低压侧后备保护不经过复压元件闭锁。母线失去电压监视，低频低压减负荷自动装置可能误动，电容器欠电压保护可能误动等。

一般处置方法：①通知运维人员检查设备；②核实现场哪些装置受到影响，及时汇报相关调度；③跟进现场检查结果及处理进度，做好相关记录。

9. TV保护电压自动空气开关跳开

信息释义：TV 间隔电压二次保护回路自动空气开关跳闸。

常见原因分析：①二次电压回路由于异物、污秽、潮湿、小动物等原因引起的短路；②人为误碰、震动等原因引起的自动空气开关跳闸；③自动空气开关老化严重及产品质量等原因导致自动空气开关跳闸；④谐振过电压、TV 内部故障、系统接地等原因造成一次熔丝熔断。

后果及危险点：影响与电压相关的保护及备自投、低频减负荷等自动装置正确动作。变压器低压侧后备保护不经过复压元件闭锁；低频低压减载可能误动，电容器欠电压保护可能误动等。

一般处置方法：①通知运维人员检查设备；②核实现场哪些装置受到影响，及时汇报相关调度；③跟进现场检查结果及处理进度，做好相关记录。

10. TV测量电压自动空气开关跳开

信息释义：TV 测量电压二次自动空气开关跳闸。

常见原因分析：①二次电压回路由于异物、污秽、潮湿、小动物等原因引起的短路；②人为误碰、震动等原因引起的自动空气开关跳闸；③自动空气开关老化严重及产品质量等原因导致自动空气开关跳闸；④谐振过电压、TV 内部故障、系统接地等原因造成一次熔丝熔断。

后果及危险点：影响与该间隔相关的电压和功率测量数据，母线电压监视。测量电压失去后会影响主站的功率测算，对潮流计算产生较大影响。

一般处置方法：①通知运维人员检查设备；②关注母线电压变化；③跟进现场检查结果及处理进度，做好相关记录。

11. TV保测装置电压自动空气开关跳开

信息释义：保测装置电压二次自动空气开关跳闸。

常见原因分析：①二次电压回路由于异物、污秽、潮湿、小动物等原因引起的短路；②人为误碰、震动等原因引起的自动空气开关跳闸；③自动空气开关老化严重及产品质量等原因导致自动空气开关跳闸；④谐振过电压、TV 内部故障、系统接地等原因造成一次熔丝熔断。

后果及危险点：影响与保测一体装置与电压有关的保护功能无法正确动作以及该间隔相关的电压和功率测量数据。线路保护的距离、零序等功能受到影响，电容器的过电压欠电压保护受到影响。测量电压失去后会影响主站的功率测算，对潮流计算产生较大影响。

一般处置方法：①通知运维人员检查设备；②核实现场哪些装置受到影响，及时汇报相关调度；③跟进现场检查结果及处理进度，做好相关记录。

12. TV计量电压自动空气开关跳开

信息释义：计量电压二次自动空气开关跳闸。

常见原因分析：①二次电压回路由于异物、污秽、潮湿、小动物等原因引起的短路；②人为误碰、震动等原因引起的自动空气开关跳闸；③自动空气开关老化严重及产品质量等原因导致自动空气开关跳闸；④谐振过电压、TV 内部故障、系统接地等原因造成一次熔丝熔断。

后果及危险点：影响计量电压及功率的计算。会导致计量功率的缺失。

一般处置方法：①通知运维人员检查设备；②跟进现场检查结果及处理进度，做好相关记录。

13. 母线TV二次电压并列

信息释义：反映双母线接线方式下两条母线 TV 二次并列。双母线系统上所连接的电气元件，为了保证其一次系统和二次系统在电压上保持对应，要求保护及自动装置的二次电压回路随同主接线一起进行切换。一般使用刀闸辅助触点去启动电压切换中间继电器，利用其触点实现电压回路的自动切换，当断路器两侧刀闸均在合闸位置，将电压并列切换断路器切至并列位置，发出母线电压并列信号。

常见原因分析：①正常倒母线操作过程中，刀闸位置双跨；②刀闸辅助触点损坏；③电压切换继电器损坏；④电压切换回路存在异常。

后果及危险点：可能引起相关测量、计量、保护装置异常。可能导致部分保护误动或拒动。

一般处置方法：①判断信号是否因正常操作引起；②通知运维人员检查设备；③跟进现场检查结果及处理进度，做好相关记录。

14. 电压切换继电器同时动作

信息释义：双母线接线方式下任一间隔Ⅰ、Ⅱ母线刀闸同时合上时，该间隔操作箱或智能终端上的二次电压切换继电器同时得电，其辅助触点同时闭合发出该信号。

常见原因分析：①正常倒母线操作过程中，刀闸位置双跨；②刀闸辅助触点损坏；③电压切换继电器损坏；④电压切换回路存在异常。

后果及危险点：可能造成双母线二次电压并列。可能导致部分保护误动或拒动。

一般处置方法：①通知运维人员检查设备；②跟进现场检查结果及处理进度，做好相关记录。

15. 电压切换继电器失压

信息释义：双母线接线方式下任一间隔Ⅰ、Ⅱ母线刀闸同时拉开时，该间隔操作箱或智能终端上的二次电压切换继电器同时失电，其辅助触点同时断开发出该信号。

常见原因分析：①闭合的母线刀闸辅助触点未可靠返回；②切换继电器故障。

后果及危险点：可能引起相关测量、计量、保护装置异常。可能导致部分保护误动或拒动。

一般处置方法：①通知运维人员检查设备；②跟进现场检查结果及处理进度，做好相关记录。

16. 站用变温度高告警

信息释义：站用变温度升高至报警限值时发出告警信号。

常见原因分析：①环境温度过高；②过电压造成的过负荷；③温度表或变送器等故障；④站用变冷却装置故障。

后果及危险点：根据绝缘老化“6 度法则”，超出允许温升情况下的长时间运行将严重损害站用变的寿命。绝缘性能下降，可能出现绝缘放电、火灾等严重事故。

一般处置方法：①通知运维人员检查设备；②关注是否有伴生信息发出；③跟踪现场检查结果及处理进度，做好相关记录和沟通汇报。

17. 站用变温控器故障

信息释义：温控器电源失电或温控器故障时发出此信号。

常见原因分析：①温控器电源自动空气开关跳闸；②温控器元件故障。

后果及危险点：无法监视站用变温度。散热功能丧失，可能会导致站用变温度上升，造成设备绝缘老化。

一般处置方法：①通知运维人员检查设备；②核实温控器实际故障情况；③跟踪现场检查结果及处理进度，做好相关记录和沟通汇报。

18. 站用变低压断路器跳闸

信息释义：该信号指示站用变低压断路器由合位运行状态发生故障跳闸行为。

常见原因分析：①低压回路故障，过电流保护动作跳开断路器；②保护模块误动作。

后果及危险点：导致站用变低压断路器所连接母线失电。与本断路器所连接母线有关的单电源设备将不能正常工作。

一般处置方法：①通知运维人员检查设备；②检查一次系统图中断路器位置、断路器电流及低压母线电压等，核实断路器是否确实跳闸；③检查是否有因低压失电造成的电源失电信息；④跟踪现场检查结果及处理进度，做好相关记录和沟通汇报。

19. 站用电分段断路器跳闸

信息释义：该信号指示站用电分段断路器由合位运行状态发生故障跳闸行为。

常见原因分析：①低压回路故障，过电流保护动作跳开分段断路器；②保护模块误动作。

后果及危险点：导致分段断路器所带母线失电。与本断路器所带母线有关的单电源设备将不能正常工作。

一般处置方法：①通知运维人员检查设备；②检查一次图中断路器位置、断路器电流及低压母线电压等，核实断路器是否确实跳闸；③检查是否有因低压失电造成的电源失电信息；④跟踪现场检查结果及处理进度，做好相关记录和沟通汇报。

20. 站用变低压断路器进线电源异常

信息释义：站用变低压断路器进线电源异常信息由安装在断路器进线侧电压监视装置发出，包括站用变低压进线电源电压消失、缺相或短路等。

常见原因分析：①站用变停电等导致的进线电源消失；②进线电源缺相；③进线电源短路。

后果及危险点：造成站用变低压断路器所带母线电压异常或失电，威胁该母线所带负荷的正常运行；若母线失电，则与母线有关的单电源设备将不能正常工作。

一般处置方法：①通知运维人员检查设备；②检查一次系统图中站用变高压侧断路器位置、低压侧断路器电流及低压母线电压等；③检查是否有因低压失电造成的电源失电信息；④跟踪现场检查结果及处理进度，做好相关记录和沟通汇报。

21. 站用电分段断路器异常

信息释义：由分段断路器的控制回路电源自动空气开关辅助触点或电源监视继电器动断触点、分合闸位置监视继电器动断触点、机构储能弹簧状态行程开关辅助触点合并后，经交流系统监控装置发出。

常见原因分析：①断路器机构控制回路故障；②断路器机构弹簧未储能；③断路器控制回路电源消失。

后果及危险点：分段断路器无法正常分合闸。若分段断路器无法正常跳闸，可能造成站内低压全停。

一般处置方法：①通知运维人员检查设备；②跟踪现场检查结果及处理进度，做好相关记录和沟通汇报。

22. 站用变低压断路器异常

信息释义：由低压交流进线断路器的控制回路电源自动空气开关辅助触点或电源监视继电器动断触点、分合闸位置监视继电器动断触点、机构储能弹簧状态行程开关辅助触点合并后经交流系统监控装置发出，包括站用变低压断路器机构控制回路故障、断路器机构弹簧未储能、断路器控制回路电源消失等。

常见原因分析：①断路器机构控制回路故障；②断路器机构弹簧未储能；③断路器控制回路电源消失。

后果及危险点：低压交流进线断路器无法正常分合闸。若低压断路器无法正常跳闸，可能造成站用变停电。

一般处置方法：①通知运维人员检查设备；②跟踪现场检查结果及处理进度，做好相关记录和沟通汇报。

23. 站用电备自投异常

信息释义：备自投装置自检、巡检发生错误，不闭锁保护，但部分保护功能可能会受到影响。

常见原因分析：①TA、TV断线；②备自投装置有闭锁备自投信号开入；③断路器跳闸位置异常。

后果及危险点：影响备自投功能。若备自投保护无法正确动作，可能会造成一段低压母线失电。

一般处置方法：①通知运维人员检查；②跟踪现场检查结果及处理进度，做好相关记录和沟通汇报。

24. 站用电备自投故障

信息释义：备自投装置自检、巡检发生严重错误，装置闭锁所有保护功能。

常见原因分析：①装置内部元件故障；②保护程序、定值出错等，自检、巡检异常；③装置直流电源消失。

后果及危险点：备自投保护功能闭锁。备自投无法动作，当失去一段电源时无法自动投入。

一般处置方法：①通知运维人员检查；②跟踪现场检查结果及处理进度，做好相关记录和沟通汇报。

25. X段直流母线电压异常

信息释义：直流母线电压不在正常范围内（母线电压低于198V或高于242V）。

常见原因分析：①直流系统有接地或者绝缘降低；②所在直流母线充电机故障，导致蓄电池过放电；③充电机输出电压过高；④直流母线电压采集模块故障或直流母线电压表计故障，导致采集上传至监控器的母线电压过高或过低。

后果及危险点：直流母线电压过低，跳合闸继电器可能无法正确动作；直流母线电压过高，长期带电的继电器容易过电压损坏。如果直流母线电压持续异常，将造成变电站控制信号，继电保护，自动装置，断路器跳、合闸操作回路的直流控制电源异常，致使故障范围扩大。

一般处置方法：①通知运维人员检查设备；②核实现场实际直流母线电压；③跟踪现场检查结果及处理进度，做好相关记录和沟通汇报。

26. X段直流母线接地

信息释义：当220V直流系统两极对地电压绝对值差超过40V或绝缘电阻降低至25kΩ以下时，由直流母线上配置的绝缘电压继电器（传统变电站）或直流系统绝缘监测装置发出该信息。

常见原因分析：①直流屏柜内主母排存在接地现象；②直流蓄电池组漏液，造成直流系统接地；③直流系统各个用电支路存在接地现象。

后果及危险点：直流母线接地，将造成母线电压异常，可能影响继电器正确动作。若直流系统出现两点接地可能造成直流系统短路，使熔断器熔断，直流失电，保护拒动、误动等。

一般处置方法：①通知运维人员检查设备；②核实现场接地母线，正负对地电压；③跟踪现场检查结果及处理进度，做好相关记录和沟通汇报；④无法及时处理时，将直流系统监视职责移交至站端。

27. X段直流母线馈出断路器跳闸

信息释义：直流馈出线屏或直流分电屏上断路器跳闸。

常见原因分析：①直流馈出线屏上断路器故障，造成跳闸；②直流分电屏上断路器故障，造成跳闸；③直流馈线屏上断路器下口用电装置存在短路现象，造成跳闸；④直流分电屏上断路器下口用电装置存在短路现象，造成跳闸；⑤直流馈线屏、分电屏进出线电缆绝缘异常，造成跳闸。

后果及危险点：将造成直流用电设备失电。如果直流馈出断路器跳闸不及时处理，会造成控制信号，继电保护，自动装置，断路器跳、合闸操作回路的电源处于失电状态，影响信号上送、断路器遥控、保护动作等。

一般处置方法：①通知运维人员检查设备；②查看是否有直流供电装置失电或电源消失的信息；③若因直流失电，造成信息无法正常上送，应将相应间隔监控职责移交至站端；④跟踪现场检查结果及处理进度，做好相关记录和沟通汇报。

28. X段直流绝缘监测装置故障

信息释义：直流母线绝缘监测装置失电或异常告警。

常见原因分析：①直流母线绝缘监测装置失电；②直流母线绝缘监测装置故障。

后果及危险点：将失去对直流接地或绝缘降低的监控。如果此时有直流接地发生，无法及时发现并处理，可能进一步造成保护装置拒动或误动。

一般处置方法：①通知运维人员检查设备；②将失去监视的直流部分监控职责移交至站端；③跟踪现场检查结果及处理进度，做好相关记录和沟通汇报。

29. 充电机故障

信息释义：单只或多只充电机模块交流输入或输出电压异常，包括过电压、欠电压或缺相；单只或多只充电机模块通信异常；单只或多只充电机模块过温故障。

常见原因分析：①直流屏内交流互投装置（ATS）故障；②直流屏内交流互投装置（ATS）切换过程中充电机模块进线断路器损坏；③交流输入电压过电压、欠电压或缺相；④充电机模块散热风扇损坏；⑤充电机模块内部元器件损坏，无法正常输出直流电压；⑥充电机模块至监控器通信线有断路或接头接触不良；⑦充电机模块通信地址码设置有误。

后果及危险点：单只或多只充电机模块损坏影响充电机可提供的额定供电电流，若负荷需求电流较大，则充电机模块无法提供所需电流，造成蓄电池放电。如果长时间处理不好，造成蓄电池过放电，无法提供负荷所需电流，可能影响断路器的分合闸及保护装置的正常运行。

一般处置方法：①通知运维人员检查设备；②核实充电机故障情况，确认是否已切至公用充电机工作；③跟踪现场检查结果及处理进度，做好相关记录和沟通汇报。

30. 充电机直流输出断路器跳闸

信息释义：充电机输出至负荷母线断路器跳闸；充电机输出至充电母线断路器跳闸。

常见原因分析：①充电机输出至负荷母线断路器正常合入时其下口有短路；②充电机输出至充电母线断路器正常合入时其下口有短路；③充电机输出至负荷母线断路器跳闸辅助触点有粘连；④充电机输出至充电母线断路器跳闸辅助触点有粘连；⑤开关量采集模块故障。

后果及危险点：充电机直流输出断路器跳闸，导致充电机无法正常给负荷供电，造成蓄电池组放电。如果长时间处理不好，造成蓄电池过放电，无法提供负荷所需电流，可能影响断路器的分合闸及保护装置的正常运行。

一般处置方法：①查看主站直流系统图中相应断路器位置、电流及直流母线电压；②通知运维人员检查设备；③核实现场直流断路器跳闸情况；④跟踪现场检查结果及处理进度，做好相关记录和沟通汇报。

31. 充电机直流输出电压异常

信息释义：充电机模块输出口至充电机直流输出断路器之间的电压有异常，包括过电压、欠电压。

常见原因分析：①所有充电机模块均过电压或欠电压；②充电机屏内逆止阀故障；③充电机模块输出口至直流输出断路器之间回路有断路；④监控器内充电机直流输出电压过、欠电压参数设置有误。

后果及危险点：充电机输出电压异常，导致充电机无法正常给负荷供电。若过电压，则可能烧毁控制、保护等装置；若欠电压，则造成蓄电池组放电。长时间过电压会造成控制、保护等装置烧毁；长时间欠电压造成蓄电池长时间放电，直流母线电压过低，可能影响断路器的分合闸及保护装置的正常运行。

一般处置方法：①查看主站直流母线电压；②通知运维人员检查设备；③跟踪现场检查结果及处理进度，做好相关记录和沟通汇报。

32. 充电机交流电源故障

信息释义：直流充电机无交流电源输入或者缺少一路电源输入或者两路交流电源中存在缺相、交流过电压或欠电压。

常见原因分析：①某段站用电交流母线失压；②站用电电源切换时；③直流充电机交流输入电源自动空气开关故障；④交流监控单元故障；⑤交流供电回路有断线或接触不良；⑥交流采集回路有断线或接触不良；⑦监控器内交流电压过欠电压参数设置有问题。

后果及危险点：故障充电机无交流输入时，整流器停止工作，将切至公用充电机工作。若公用充电机未自动切换成功，将造成蓄电池组放电。

一般处置方法：①通知运维人员检查设备；②查看站用电是否有异常，是否有其他交流失电信息发出；③跟踪现场检查结果及处理进度，做好相关记录和沟通汇报。

33. 充电机避雷器故障

信息释义：充电机避雷器损坏，避雷器模块窗口由灰色变为红色。

常见原因分析：①因交流输入电压有尖峰脉冲或电网浪涌电压等原因导致避雷器损坏；②避雷器报警辅助触点有粘连；③开关量采集模块故障。

后果及危险点：避雷器故障后无法吸收交流输入电压中尖峰脉冲或浪涌电压，造成充电机模块输入电压不稳。严重时损坏充电机模块，造成充电机输出失压，由蓄电池提供负荷电源，长时间无法恢复可能造成蓄电池过放电。

一般处置方法：①通知运维人员检查设备；②跟踪现场检查结果及处理进度，做好相关记录和沟通汇报。

34. 充电机微机监控装置通信异常

信息释义：正常情况下，充电机微机监控装置与绝缘监测装置、馈线状态监测接口、交直流测控模块、电池巡检仪、智能数字表、开关量接入接口、B 码对时等都有通信联系，若通信中断，部分数据无法查阅。

常见原因分析：①绝缘监测装置、馈线状态监测接口、交直流测控模块、电池巡检仪、智能数字表、开关量接入接口、B 码对时等单个装置失电或故障；②充电机微机监控装置与绝缘监测装置、馈线状态监测接口、交直流测控模块、电池巡检仪、智能数字表、开关量接入接口、B 码对时通信线有断路或通信连接头接触不良。

后果及危险点：导致直流系统部分或全部模块失去监视。若直流系统出现故障，无法及时获知并及时处理，会严重影响直流系统供电的装置。

一般处置方法：①通知运维人员检查设备；②将失去监视的直流部分监控职责移交至站端；③跟踪现场检查结果及处理进度，做好相关记录和沟通汇报。

35. 充电机微机监控装置故障

信息释义：属于硬接点信号，在微机监控装置死机或失电后发出。

常见原因分析：①充电机微机监控装置死机；②微机监控装置的供电模块故障；③供电模块至微机监控装置回路有断路。

后果及危险点：①无法对直流充电模块及直流系统的运行参数进行设置；②监控器失电，无法调阅蓄电池、直流母线的运行工况及参数；③监控无法获知直流系统的运行状态及故障信息。如果此时发生直流母线接地故障，无法及时获知，将可能导致继电保护等设备无法正常工作；或者发生母线失压故障，无法及时获知，造成负荷失去电源。

一般处置方法：①通知运维人员检查设备；②将失去监视的直流部分监控职责移交至站端；③跟踪现场检查结果及处理进度，做好相关记录和沟通汇报。

36. 蓄电池组单只电压异常

信息释义：蓄电池组单只电池电压不在正常范围内（低于 1.8V 或高于 2.5V）。

常见原因分析：①电池巡检接线出现松动；②电池电压采样熔断器损坏；③电池内部损坏，导致电池电压不均衡；④电池巡检与充电机的通信出现异常；⑤电池巡检损坏，无法正确采集电池电压。

后果及危险点：若电池巡检出现问题，将无法正常采集电池电压，无法实时监测电池电压，影响对电池的运行维护；若电池内部损坏，可能造成电池容量不满足运行要求。蓄电池的运行维护不到位，会大大缩短电池寿命，电池电压过大存在安全隐患，若发生站用交流电全停，电池容量不足以长时间支撑站用直流负荷的供电。

一般处置方法：①通知运维人员检查设备；②核实现场实际蓄电池电压情况；③跟踪现场检查结果及处理进度，做好相关记录和沟通汇报。

37. 蓄电池组巡检仪故障

信息释义：蓄电池组巡检仪出现故障，对应蓄电池的电池电压无法正常采集。

常见原因分析：①电池巡检仪无法与监控器通信正常通信；②电池巡检仪地址码设置有误；③电池巡检仪模块损坏；④电池巡检仪接线松动。

后果及危险点：无法正常采集电池电压，影响电池的运行维护。无法实时监测电池电压，不能及时处理电池故障，降低电池运行寿命，影响电池组容量。

一般处置方法：①通知运维人员检查设备；②跟踪现场检查结果及处理进度，做好相关记录和沟通汇报。

38. 一体化电源监控装置通信中断

信息释义：一体化电源监控装置与后台机、远动、规约转换等装置通信中断。

常见原因分析：①一体化电源监控装置网线接口损坏或接触不良；②相应交换机故障。

后果及危险点：一体化电源监控装置部分信号无法上送，影响监控员对一体化电源运行状态的监视。

一般处置方法：①按照异常处理流程处置，通知运维人员现场检查并向相应调度汇报；②待运维人员到达现场后，将相关监视职责移交站端。

39. 一体化电源监控装置故障

信息释义：一体化电源监控装置软硬件损坏或由于装置断电导致无法正常工作。

常见原因分析：①装置程序出错导致自检、巡检异常；②装置插件损坏；③装置失电。

后果及危险点：一体化电源失去监视，导致一体化电源发生故障，无法及时发现并处理。

一般处置方法：①按照异常处理流程处置，通知运维人员现场检查；②跟踪现场检查结果及处理进度，做好相关记录和沟通汇报。

40. UPS交流输入异常

信息释义：UPS 装置交流电源输入出现异常。

常见原因分析：①UPS 装置电源插件故障；②UPS 装置交流输入回路故障；③UPS

装置交流输入电源熔断器熔断；④UPS 交流电源断路器跳开。

后果及危险点：UPS 无法正常逆变。

一般处置方法：①通知运维人员检查设备；②跟踪现场检查结果及处理进度，做好相关记录和沟通汇报。

41. UPS直流输入异常

信息释义：UPS 装置直流输入出现异常。

常见原因分析：①UPS 装置电源插件故障；②UPS 装置直流输入回路故障；③UPS 装置直流输入电源熔断器熔断；④UPS 直流屏电源断路器跳开。

后果及危险点：UPS 失去直流电源。

一般处置方法：①通知运维人员检查设备；②若交流电源同时失去，应核实是否切换至旁路运行；③跟踪现场检查结果及处理进度，做好相关记录和沟通汇报。

42. UPS装置故障

信息释义：UPS 装置软硬件损坏。

常见原因分析：①装置程序出错导致自检、巡检异常；②装置插件损坏。

后果及危险点：UPS 装置失去不间断供电功能，导致 UPS 装置所带装置失电而不能正常运行。

一般处置方法：①按照异常处理流程处置，通知运维人员现场检查；②跟踪现场检查结果及处理进度，做好相关记录和沟通汇报。

43. 通信DC/DC系统异常

信息释义：通信 DC/DC 装置任一控制模块、通信模块、整流模块故障时发此信号。各整流模块、控制模块、通信模块控制断路器辅助触点串联或并联后接入该信号回路。

常见原因分析：①通信 DC/DC 装置控制模块、通信模块、整流模块故障；②通信 DC/DC 装置控制模块、通信模块、整流模块输入电源消失。

后果及危险点：故障通信 DC/DC 装置控制模块、通信模块、整流模块故障退出运行，监控信号中断，冗余整流模块负载电流上升。通信 DC/DC 装置失去监控，如果冗余整流模块同时发生故障将造成通信设备失去一路电源，此电源供电的保护通道光电转换接口装置失电，对应的保护通道中断。

一般处置方法：①通知运维人员检查设备；②核实现场哪些装置受到影响，必要时汇报相关调度；③跟踪现场检查结果及处理进度，做好相关记录和沟通汇报。

44. 通信DC/DC输入自动空气开关动作

信息释义：通信 DC/DC 装置直流输入自动空气开关跳闸，造成装置输入母线失压时发此信号。

常见原因分析：①二次回路由于异物、污秽、潮湿、小动物等原因引起的短路；②人为误碰、震动等原因引起的自动空气开关跳闸；③自动空气开关老化严重及产品质量等原因导致自动空气开关跳闸；④过电压、内部故障、系统接地等原因造成自动空气开关跳闸。

后果及危险点：造成通信 DC/DC 装置失电，通信设备失去一路电源，此电源供电的保护通道光电转换接口装置失电，对应的保护通道中断。如另一套通信 DC/DC 装置同时失电，将出现站内通信全停，保护通道全部中断的风险。

一般处置方法：①通知运维人员检查设备；②核实现场哪些装置受到影响，必要时汇报相关调度；③跟踪现场检查结果及处理进度，做好相关记录和沟通汇报。

45. 通信DC/DC输出自动空气开关动作

信息释义：通信 DC/DC 装置直流输出至母线自动空气开关跳闸，造成装置输出母线失压时发此信号。

常见原因分析：①二次电压回路由于异物、污秽、潮湿、小动物等原因引起的短路；②人为误碰、震动等原因引起的自动空气开关跳闸；③自动空气开关老化严重及产品质量等原因导致自动空气开关跳闸；④过电压、内部故障、系统接地等原因造成自动空气开关跳闸。

后果及危险点：造成通信设备失去一路电源，此电源供电的保护通道光电转换接口装置失电，对应的保护通道中断。如另一套通信 DC/DC 装置输出至母线自动空气开关跳闸，将出现站内通信全停，保护通道全部中断的风险。

一般处置方法：①通知运维人员检查设备；②核实现场哪些装置受到影响，必要时汇报相关调度；③跟踪现场检查结果及处理进度，做好相关记录和沟通汇报。

第二节　二次设备典型监控信息释义及处置

一、变压器保护典型信息

1. 变压器保护出口

信息释义：变压器保护动作发出跳闸命令。

常见原因分析：变压器保护动作出口。

后果及危险点：差动保护动作跳开各侧断路器。后备保护动作按照整定条件跳开相应的断路器。如果自投不成功，可能造成负荷损失。

一般处置方法：①检查变压器各侧断路器位置及电流值，确认变压器各侧断路器已跳开；②梳理告警信息，查看自投动作情况，是否有负荷损失；③记录时间、站名、跳闸变压器编号、保护信息及负荷损失情况，汇报调度，通知运维人员检查设备；④具备条件的，查看视频和故障录波辅助判断故障情况；⑤加强对运行变压器负荷及油温的监视；⑥跟踪现场检查结果及处理进度，做好相关记录和沟通汇报；⑦配合调度做好事故处理。

2. 变压器差动保护出口

信息释义：变压器差动保护动作发出跳闸命令。

常见原因分析：变压器差动保护范围内发生故障，满足变压器差动保护动作出口条件，变压器差动保护动作出口。

后果及危险点：差动保护动作跳开各侧断路器。如果自投不成功，可能造成负荷损失。

一般处置方法：①检查变压器各侧断路器位置及电流值，确认变压器各侧断路器已跳开；②梳理告警信息，查看自投动作情况，是否有负荷损失；③记录时间、站名、跳闸变压器编号、保护信息及负荷损失情况，汇报调度，通知运维人员检查设备；④具备条件的，查看视频和故障录波辅助判断故障情况；⑤加强对运行变压器负荷及油温的监视；⑥跟踪现场检查结果及处理进度，做好相关记录和沟通汇报；⑦配合调度做好事故处理。

3. 变压器差动速断保护动作出口

信息释义：变压器差动速断保护动作出口。为了防止在较高短路电流水平时，由于电流互感器饱和而产生大量高次谐波量，易造成差动保护拒动，因此设置差动速断保护。一般当短路电流达到定值要求时，差动速断元件快速出口跳闸。

常见原因分析：①变压器套管和引出线故障，差动保护范围内（差动保护用电流互感器之间）的一次设备短路故障；②变压器内部故障；③差动保护用电流互感器二次回路开路或短路。

后果及危险点：差动保护动作跳开各侧断路器。如果自投不成功，可能造成负荷损失。

一般处置方法：①检查变压器各侧断路器位置及电流值，确认变压器各侧断路器已跳开；②梳理告警信息，查看自投动作情况，是否有负荷损失；③记录时间、站名、跳闸变压器编号、保护信息及负荷损失情况，汇报调度，通知运维人员检查设备；④具备条件的，查看视频和故障录波辅助判断故障情况；⑤加强对运行变压器负荷及油温的监视；⑥跟踪现场检查结果及处理进度，做好相关记录和沟通汇报；⑦配合调度做好事故处理。

4. 变压器保护工频变化量差动出口

信息释义：变压器工频变化量差动保护动作出口。该保护利用电流工频变化量构成灵敏度很高的工频变化量比率差动元件，来检测常规稳态比率差动保护无法或很难反映的小电流故障。

常见原因分析：①变压器套管和引出线故障，差动保护范围内（差动保护用电流互感器之间）的一次设备短路故障；②变压器内部故障；③差动保护用电流互感器二次回路开路或短路。

后果及危险点：差动保护动作跳开各侧断路器。如果自投不成功，可能造成负荷损失。

一般处置方法：①检查变压器各侧断路器位置及电流值，确认变压器各侧断路器已跳开；②梳理告警信息，查看自投动作情况，是否有负荷损失；③记录时间、站名、跳闸变压器编号、保护信息及负荷损失情况，汇报调度，通知运维人员检查设备；④具备条件的，线、线路故障，相关保护拒动。

后果及危险点：母联（分段）或相应断路器跳闸。

一般处置方法：①检查变压器各侧断路器、母联（分段）断路器位置及电流值，确认相应断路器已跳开；②梳理告警信息，记录时间、站名、跳闸断路器编号、保护信息及负荷损失情况，汇报调度，通知运维人员检查设备；③具备条件的，查看视频和故障录波辅助判断故障情况；④加强对运行变压器负荷及油温的监视；⑤跟踪现场检查结果及处理进度，做好相关记录和沟通汇报；⑥配合调度做好事故处理。

11. 变压器过励磁保护出口

信息释义：变压器过励磁保护动作出口。过励磁保护是按照变压器厂家提供的变压器满载情况下的过励磁曲线整定。

常见原因分析：①空载变压器在合闸的过程中会产生过励磁，满足保护定值要求后动作；②当电网频率低于额定频率且感性电压不变时，频率的降低会引起铁芯中磁通的增加，此时会产生过励磁；③当系统电压增高时，也会产生过励磁现象。

后果及危险点：变压器各侧断路器跳闸。反复过励磁，变压器将因过热绝缘老化，影响其使用寿命。

一般处置方法：①检查变压器各侧断路器位置及电流值，确认变压器各侧断路器已跳开；②梳理告警信息，查看自投动作情况，是否有负荷损失；③记录时间、站名、跳闸变压器编号、保护信息及负荷损失情况，汇报调度，通知运维人员检查设备；④具备条件的，查看视频和故障录波辅助判断故障情况；⑤加强对运行变压器负荷及油温的监视；⑥跟踪现场检查结果及处理进度，做好相关记录和沟通汇报；⑦配合调度做好事故处理。

12. 变压器公共绕组零序过电流保护出口

信息释义：自耦变压器公共绕组零序过电流保护动作出口。

常见原因分析：自耦变压器公共绕组故障，产生零序故障电流。

后果及危险点：变压器各侧断路器跳闸。如果自投不成功，可能造成负荷损失。

一般处置方法：①检查变压器各侧断路器位置及电流值，确认变压器各侧断路器已跳开；②梳理告警信息，查看自投动作情况，是否有负荷损失；③记录时间、站名、跳闸变压器编号、保护信息及负荷损失情况，汇报调度，通知运维人员检查设备；④具备条件的，查看视频和故障录波辅助判断故障情况；⑤加强对运行变压器负荷及油温的监视；⑥跟踪现场检查结果及处理进度，做好相关记录和沟通汇报；⑦配合调度做好事故处理。

13. 变压器失灵保护联跳三侧

信息释义：失灵保护动作联跳变压器各侧断路器。

常见原因分析：断路器拒动。

后果及危险点：扩大停电范围。

一般处置方法：①检查相应断路器位置及电流值，确认断路器已跳开；②梳理告警信息记录时间、站名、跳闸断路器编号、保护信息及负荷损失情况，汇报调度，通知运维人员检查设备；③具备条件的，查看视频和故障录波辅助判断故障情况；④跟踪现场检查结果及处理进度，做好相关记录和沟通汇报；⑤配合调度做好事故处理。

14. 变压器中性点保护出口

信息释义：变压器中性点保护动作出口。

常见原因分析：①中性点间隙过电流或过电压动作；②中性点零序过电流或过电压动作。

后果及危险点：变压器各侧断路器跳闸，间隙保护联切小电源。如果自投不成功，可能造成负荷损失。

一般处置方法：①检查变压器各侧断路器位置及电流值，确认变压器各侧断路器已跳开；②梳理告警信息，查看自投动作情况，是否有负荷损失；③记录时间、站名、跳闸变压器编号、保护信息及负荷损失情况，汇报调度，通知运维人员检查设备；④具备条件的，查看视频和故障录波辅助判断故障情况；⑤加强对运行变压器负载及油温的监视；⑥跟踪现场检查结果及处理进度，做好相关记录和沟通汇报；⑦配合调度做好事故处理。

15. 变压器保护装置故障

信息释义：变压器保护装置软硬件损坏或由于装置断电导致无法正常工作。

常见原因分析：①装置程序出错导致自检、巡检异常；②装置插件损坏；③装置失电。

后果及危险点：闭锁所有保护功能。保护范围发生故障，该保护拒动，可能会导致故障越级。

一般处置方法：①按照异常处理流程处置，通知运维人员现场检查并向相应调度汇报；②具备条件的保护装置宜尝试远方复归操作，将复归结果汇报相应调度并通知运维人员；③做好接收调度指令准备；④跟踪现场检查结果及处理进度，做好相关记录和沟通汇报。

16. 变压器保护装置异常

信息释义：当变压器保护装置出现异常情况时，发出告警信息，部分功能可能受到影响。

常见原因分析：①变压器保护装置内部通信出错、长期启动等；②变压器保护装置自检、巡检异常；③变压器保护装置 TV、TA 断线。

后果及危险点：可能影响部分保护功能。可能导致保护拒动或误动。

一般处置方法：①按照异常处理流程处置，通知运维人员现场检查并向相应调度汇报；②具备条件的保护装置宜尝试远方复归操作，将复归结果汇报相应调度并通知运维人员；③做好接收调度指令准备；④跟踪现场检查结果及处理进度，做好相关记录和沟通汇报。

17. 变压器保护装置故障

信息释义：变压器保护装置软硬件损坏或由于装置断电导致无法正常工作。

常见原因分析：①装置程序出错导致自检、巡检异常；②装置插件损坏；③装置失电。

后果及危险点：闭锁所有保护功能。保护范围发生故障，该保护拒动，可能会导致故障越级。

一般处置方法：①按照异常处理流程处置，通知运维人员现场检查并向相应调度汇报；②具备条件的保护装置宜尝试远方复归操作，将复归结果汇报相应调度并通知运维人员；③做好接收调度指令准备；④跟踪现场检查结果及处理进度，做好相关记录和沟通汇报。

18. 变压器保护装置异常

信息释义：当变压器保护装置出现异常情况时，发出告警信息，部分功能可能受到影响。

常见原因分析：①变压器保护装置内部通信出错、长期启动等；②变压器保护装置自检、巡检异常；③变压器保护装置 TV、TA 断线。

后果及危险点：可能影响部分保护功能。可能导致保护拒动或误动。

一般处置方法：①按照异常处理流程处置，通知运维人员现场检查并向相应调度汇报；②具备条件的保护装置宜尝试远方复归操作，将复归结果汇报相应调度并通知运维人员；③做好接收调度指令准备；④跟踪现场检查结果及处理进度，做好相关记录和沟通汇报。

19. 变压器保护差流越限

信息释义：变压器保护电流值达到越限定值，装置延时发告警信息。

常见原因分析：①电流达到告警值；②采样不准确。

后果及危险点：启动元件动作。可能导致保护误动。

一般处置方法：①按照异常处理流程处置，通知运维人员现场检查并向相应调度汇报；②具备条件的保护装置宜尝试远方复归操作，将复归结果汇报相应调度并通知运维人员；③做好接收调度指令准备；④跟踪现场检查结果及处理进度，做好相关记录和沟通汇报。

20. 变压器保护过励磁告警

信息释义：变压器铁芯磁通量饱和的时候会产生过励磁现象。当变压器过励磁达到告警值时，发出过励磁保护告警信息。

常见原因分析：①空载变压器在合闸的过渡过程中会产生过励磁；②当电网频率低于额定频率且感性电压不变时，频率的降低会引起铁芯中磁通的增加，此时会产生过励磁；③当系统电压增高时，会产生过励磁现象。

后果及危险点：变压器功率因数、空载损耗、高次谐波等会增加。进一步发展可能导致变压器内部故障。

一般处置方法：①按异常处理流程处置，并注意通知运维人员检查变压器过励磁异常情况，监控加强变压器电压、频率信号的监视；②具备条件的保护装置宜尝试远方复归操作，将复归结果汇报相应调度并通知运维人员；③若因电压过高引起，应根据调度要求进行调压操作，降低系统电压；④跟踪现场检查结果及处理进度，做好相关记录和沟通汇报。

21. 变压器保护过负荷告警

信息释义：变压器侧电流超过过负荷告警值。

常见原因分析：①变压器负荷增大，达到过负荷告警整定值；②事故过负荷。

后果及危险点：增加变压器损耗。可能加速变压器内部组件绝缘老化。

一般处置方法：①加强变压器运行监视，通知运维人员；②汇报相应调度；③做好接收调度指令和操作准备；④跟踪现场检查结果及处理进度，做好相关记录和沟通汇报。

22. 变压器保护TA断线

信息释义：变压器保护装置检测到电流互感器二次回路开路或采样值异常等原因造成不平衡电流超过告警定值延时发 TA 断线告警信息，闭锁部分保护功能。

常见原因分析：①电流互感器本体故障；②电流互感器二次回路断线（含端子松动、接触不良）或短路；③变压器保护装置采样插件损坏。

后果及危险点：①根据定值控制字决定变压器保护装置差动保护功能是否闭锁；②变压器保护装置过电流保护功能不可用。可能会导致保护误动或拒动。

一般处置方法：①按照异常处理流程处置，通知运维人员现场检查并向相应调度汇报；②具备条件的保护装置宜尝试远方复归操作，将复归结果汇报相应调度并通知运维人员；③做好接收调度指令准备；④跟踪现场检查结果及处理进度，做好相关记录和沟通汇报。

23. 变压器保护高压侧TA断线

信息释义：变压器保护装置检测到高压侧电流互感器二次回路开路或采样值异常等原因造成不平衡电流超过告警定值延时发 TA 断线告警信息，闭锁部分保护功能。

常见原因分析：①电流互感器本体故障；②电流互感器二次回路断线（含端子松动、接触不良）或短路；③变压器保护装置采样插件损坏。

后果及危险点：①根据定值控制字决定变压器保护装置差动保护功能是否闭锁。②变压器保护装置高压侧过电流保护功能不可用。可能会导致保护误动或拒动。

一般处置方法：①按照异常处理流程处置，通知运维人员现场检查并向相应调度汇报；②具备条件的保护装置宜尝试远方复归操作，将复归结果汇报相应调度并通知运维人员；③做好接收调度指令准备；④跟踪现场检查结果及处理进度，做好相关记录和沟通汇报。

24. 变压器保护中压侧TA断线

信息释义：变压器保护装置检测到中压侧电流互感器二次回路开路或采样值异常等原因造成不平衡电流超过告警定值延时发 TA 断线告警信息，闭锁部分保护功能。

常见原因分析：①电流互感器本体故障；②电流互感器二次回路断线（含端子松动、接触不良）或短路；③变压器保护装置采样插件损坏。

后果及危险点：①根据定值控制字决定变压器保护装置差动保护功能是否闭锁。②变压器保护装置中压侧过电流保护功能不可用。可能会导致保护误动或拒动。

一般处置方法：①按照异常处理流程处置，通知运维人员现场检查并向相应调度汇报；②具备条件的保护装置宜尝试远方复归操作，将复归结果汇报相应调度并通知运维人员；③做好接收调度指令准备；④跟踪现场检查结果及处理进度，做好相关记录和沟通汇报。

33. 变压器保护检修不一致

信息释义：变压器保护装置与其有逻辑联系的装置检修连接片投入状态不一致。

常见原因分析：变压器保护装置与其有逻辑联系的智能终端、合并单元等装置检修连接片投入状态不一致。

后果及危险点：保护装置不会出口。可能造成保护拒动。

一般处置方法：①按照异常处理流程处置，通知运维人员现场检查；②核实现场检查结果，必要时向相应调度汇报；③跟踪现场检查结果及处理进度，做好相关记录和沟通汇报。

二、断路器保护典型信息

1. 断路器保护出口

信息释义：断路器保护多种出口。

常见原因分析：断路器保护范围内发生接地或相间故障。

后果及危险点：断路器跳闸。

一般处置方法：①检查相应断路器位置及电流值，确认断路器已跳开；②梳理告警信息，记录时间、站名、跳闸断路器编号、保护信息及负荷损失情况，汇报调度，通知运维人员检查设备；③具备条件的，查看视频和故障录波辅助判断故障情况；④跟踪现场检查结果及处理进度，做好相关记录和沟通汇报；⑤配合调度做好事故处理。

2. 断路器失灵保护出口

信息释义：事故时断路器拒动，断路器失灵保护动作，跳相邻断路器并远跳线路对侧断路器。

常见原因分析：发生故障时，相应断路器拒动。

后果及危险点：与本断路器相邻的断路器跳闸。

一般处置方法：①检查相应断路器位置及电流值，确认断路器已跳开；②梳理告警信息，记录时间、站名、跳闸断路器编号、保护信息及负荷损失情况，汇报调度，通知运维人员检查设备；③具备条件的，查看视频和故障录波辅助判断故障情况；④跟踪现场检查结果及处理进度，做好相关记录和沟通汇报；⑤配合调度做好事故处理。

3. 断路器沟通三跳保护出口

信息释义：沟通三跳保护动作出口。

常见原因分析：①重合闸投三重方式或停用；②重合闸充电未完成；③装置故障或失电。

后果及危险点：造成断路器三相跳闸不重合。

一般处置方法：①检查相应断路器位置及电流值，确认断路器已跳开；②梳理告警信息，记录时间、站名、跳闸断路器编号、保护信息及负荷损失情况，汇报调度，通知运维人员检查设备；③具备条件的，查看视频和故障录波辅助判断故障情况；④跟踪现场检查结果及处理进度，做好相关记录和沟通汇报；⑤配合调度做好事故处理。

4. 断路器充电过电流保护出口

信息释义：利用断路器为其他设备充电时发生故障，充电过电流保护动作出口跳开断路器，根据定值控制字完成长时投入和短时投入。

常见原因分析：被充电设备发生故障。

后果及危险点：跳开断路器。

一般处置方法：①检查相应断路器位置及电流值，确认断路器已跳开；②梳理告警信息，记录时间、站名、跳闸断路器编号、保护信息及负荷损失情况，汇报调度，通知运维人员检查设备；③具备条件的，查看视频和故障录波辅助判断故障情况；④跟踪现场检查结果及处理进度，做好相关记录和沟通汇报；⑤配合调度做好事故处理。

5. 断路器死区保护出口

信息释义：死区保护动作出口。断路器死区一般位于断路器与所采集电流互感器之间，当其间的小段导线上发生故障，可能出现一种情况，即短路电流通过电流互感器而不通过断路器，即使保护动作断路器跳闸，也不能切除故障。

常见原因分析：故障位于断路器保护死区范围内，即断路器与所采集 TA 之间。

后果及危险点：相关断路器跳开，同时相邻断路器也将切除。

一般处置方法：①检查相应断路器位置及电流值，确认断路器已跳开；②梳理告警信息，记录时间、站名、跳闸断路器编号、保护信息及负荷损失情况，汇报调度，通知运维人员检查设备；③具备条件的，查看视频和故障录波辅助判断故障情况；④跟踪现场检查结果及处理进度，做好相关记录和沟通汇报；⑤配合调度做好事故处理。

6. 断路器A（B、C）相跳闸出口

信息释义：断路器 A（B、C）相保护动作出口。

常见原因分析：断路器保护范围内故障。

后果及危险点：断路器 A（B、C）相跳闸。

一般处置方法：①检查相应断路器位置及电流值，确认断路器已跳开；②梳理告警信息，记录时间、站名、跳闸断路器编号、保护信息及负荷损失情况，汇报调度，通知运维人员检查设备；③具备条件的，查看视频和故障录波辅助判断故障情况；④跟踪现场检查结果及处理进度，做好相关记录和沟通汇报；⑤配合调度做好事故处理。

7. 断路器保护重合闸出口

信息释义：断路器跳闸后，配有重合闸的断路器保护装置在满足要求的情况下启动重合闸，发出断路器合闸命令。

常见原因分析：①发生故障后断路器跳闸启动重合闸；②断路器偷跳。

一般处置方法：①梳理事故及变位信息汇报调度并通知运维人员现场检查；②具备条

件的，查看视频和故障录波辅助判断故障情况；③核实现场跳闸情况及设备检查情况；④跟踪现场检查结果及处理进度，做好相关记录和沟通汇报；⑤配合调度做好事故处理。

8. 断路器保护装置故障

信息释义：断路器保护装置软硬件损坏或由于装置断电导致无法正常工作。

常见原因分析：①装置程序出错导致自检、巡检异常；②装置插件损坏；③装置失电。

后果及危险点：闭锁所有保护功能。保护范围发生故障，保护拒动，可能会导致故障越级。

一般处置方法：①按照异常处理流程处置，通知运维人员现场检查并向相应调度汇报；②具备条件的保护装置宜尝试远方复归操作，将复归结果汇报相应调度并通知运维人员；③做好接收调度指令准备；④跟踪现场检查结果及处理进度，做好相关记录和沟通汇报。

9. 断路器保护装置异常

信息释义：当装置出现异常情况时，发出告警信息，部分功能可能受到影响。

常见原因分析：①保护装置内部通信出错、长期启动等；②保护装置自检、巡检异常；③保护装置 TV、TA 断线。

后果及危险点：可能影响部分保护功能。可能导致保护拒动或误动。

一般处置方法：①按照异常处理流程处置，通知运维人员现场检查并向相应调度汇报；②具备条件的保护装置宜尝试远方复归操作，将复归结果汇报相应调度并通知运维人员；③做好接收调度指令准备；④跟踪现场检查结果及处理进度，做好相关记录和沟通汇报。

10. 断路器保护长期启动

信息释义：保护装置采样值长期达到或超过启动定值，启动后长期未复归。

常见原因分析：①保护装置电流、电压采样值长期达到或超过保护启动定值；②保护装置采样值不准确。

后果及危险点：启动元件长期动作，保护异常。可能导致保护误动。

一般处置方法：①查看是否有其他事故类信息或断路器变位；②通知运维人员到站检查；③无其他伴生信息时，具备条件的保护装置宜尝试远方复归操作，并将复归结果通知运维人员；④跟踪现场检查结果及处理进度，做好相关记录和沟通汇报。

11. 断路器保护TA断线

信息释义：保护装置检测到电流互感器二次回路开路或采样值异常等原因造成不平衡电流超过告警定值延时发 TA 断线告警信息，闭锁部分保护功能。

常见原因分析：①电流互感器本体故障；②电流互感器二次回路断线（含端子松动、接触不良）或短路；③保护装置采样插件损坏。

后果及危险点：根据定值控制字决定保护装置保护功能是否闭锁。可能会导致保护拒动。

一般处置方法：①按照异常处理流程处置，通知运维人员现场检查并向相应调度汇报；②具备条件的保护装置宜尝试远方复归操作，将复归结果汇报相应调度并通知运维人员；

③做好接收调度指令准备；④跟踪现场检查结果及处理进度，做好相关记录和沟通汇报。

12. 断路器保护TV断线

信息释义：保护装置检测到电压异常，延时发TV断线告警信息。

常见原因分析：①电压互感器本体故障；②电压互感器二次回路断线（含端子松动、接触不良）或短路；③保护装置采样插件损坏。

后果及危险点：可能影响保护部分功能。可能导致保护拒动。

一般处置方法：①按照异常处理流程处置，通知运维人员现场检查并向相应调度汇报；②具备条件的保护装置宜尝试远方复归操作，将复归结果汇报相应调度并通知运维人员；③做好接收调度指令准备；④跟踪现场检查结果及处理进度，做好相关记录和沟通汇报。

13. 断路器保护重合闸闭锁

信息释义：保护重合闸功能闭锁，重合闸功能退出。

常见原因分析：①手跳、永跳闭锁重合闸；②断路器SF_6压力低、操动机构异常；③部分后备保护动作闭锁重合闸。

后果及危险点：故障跳闸后无法重合。造成负荷损失。

一般处置方法：①查看是否有其他异常伴生信息；②通知运维人员到站检查；③若无伴生信息，具备条件的保护装置宜尝试远方复归操作，并将复归结果通知运维人员；④跟踪现场检查结果及处理进度，做好相关记录和沟通汇报。

14. 断路器保护装置通信中断

信息释义：断路器保护与后台机、远动、规约转换等装置通信中断。

常见原因分析：①保护装置网线接口损坏或接触不良；②相应交换机故障。

后果及危险点：保护装置部分信号无法上送。保护动作信息无法正常上送，影响监控员对事故的判断和后续处理。

一般处置方法：①按照异常处理流程处置，通知运维人员现场检查并向相应调度汇报；②待运维人员到达现场后，将相关监控职责移交站端；③处理完毕后，核实站端监控期间是否有异常，确认无误后收回相应监控职责。

三、线路保护典型信息

1. 线路保护出口

信息释义：线路保护动作出口。

常见原因分析：线路主保护或后备保护范围内发生故障，保护动作出口。

后果及危险点：断路器跳闸。

一般处置方法：①梳理告警信息，检查相应线路断路器位置及电流值，确认线路跳闸及重合闸动作情况；②记录时间、站名、线路名称、断路器编号、保护信息、重合闸动作情况及负荷损失情况，汇报调度，通知运维人员检查设备；③具备条件的，查看视频和故障录波辅助判断故障情况；④跟踪现场检查结果及处理进度，做好相关记录和沟通汇报；⑤配合调度做好事故处理。

2. 线路主保护出口

信息释义：线路主保护动作出口。

常见原因分析：保护范围内设备故障，保护动作出口。

后果及危险点：断路器跳闸。

一般处置方法：①梳理告警信息，检查相应线路断路器位置及电流值，确认线路跳闸及重合闸动作情况；②记录时间、站名、线路名称、断路器编号、保护信息、重合闸动作情况及负荷损失情况，汇报调度，通知运维人员检查设备；③具备条件的，查看视频和故障录波辅助判断故障情况；④跟踪现场检查结果及处理进度，做好相关记录和沟通汇报；⑤配合调度做好事故处理。

3. 线路分相差动出口

信息释义：线路分相差动保护动作出口。

常见原因分析：保护范围内设备故障，保护动作出口。

后果及危险点：断路器跳闸。

一般处置方法：①梳理告警信息，检查相应线路断路器位置及电流值，确认线路跳闸及重合闸动作情况；②记录时间、站名、线路名称、断路器编号、保护信息、重合闸动作情况及负荷损失情况，汇报调度，通知运维人员检查设备；③具备条件的，查看视频和故障录波辅助判断故障情况；④跟踪现场检查结果及处理进度，做好相关记录和沟通汇报；⑤配合调度做好事故处理。

4. 线路零序差动出口

信息释义：线路零序差动保护动作出口。

常见原因分析：保护范围内设备故障，保护动作出口。

后果及危险点：断路器跳闸。

一般处置方法：①梳理告警信息，检查相应线路断路器位置及电流值，确认线路跳闸及重合闸动作情况；②记录时间、站名、线路名称、断路器编号、保护信息、重合闸动作情况及负荷损失情况，汇报调度，通知运维人员检查设备；③具备条件的，查看视频和故障录波辅助判断故障情况；④跟踪现场检查结果及处理进度，做好相关记录和沟通汇报；⑤配合调度做好事故处理。

5. 线路纵联差动保护出口

信息释义：线路纵联差动保护动作出口。

常见原因分析：保护范围内设备故障，保护动作出口。

后果及危险点：断路器跳闸。

一般处置方法：①梳理告警信息，检查相应线路断路器位置及电流值，确认线路跳闸及重合闸动作情况；②记录时间、站名、线路名称、断路器编号、保护信息、重合闸动作情况及负荷损失情况，汇报调度，通知运维人员检查设备；③具备条件的，查看视频和故障录波辅助判断故障情况；④跟踪现场检查结果及处理进度，做好相关记录和沟通汇报；⑤配合调度做好事故处理。

6. 线路保护重合闸加速出口

信息释义：线路重合闸加速保护动作出口。

常见原因分析：线路保护重合于故障，加速保护动作出口。

后果及危险点：断路器跳闸。

一般处置方法：①梳理告警信息，检查相应线路断路器位置及电流值，确认线路跳闸后重合闸不良；②记录时间、站名、线路名称、断路器编号、保护信息、重合闸动作情况及负荷损失情况，汇报调度，通知运维人员检查设备；③具备条件的，查看视频和故障录波辅助判断故障情况；④跟踪现场检查结果及处理进度，做好相关记录和沟通汇报；⑤配合调度做好事故处理。

7. 线路后备保护动作

信息释义：线路后备保护动作出口。

常见原因分析：保护范围内设备故障，保护动作出口。

后果及危险点：断路器跳闸。

一般处置方法：①梳理告警信息，检查相应线路断路器位置及电流值，确认线路跳闸及重合闸动作情况；②记录时间、站名、线路名称、断路器编号、保护信息、重合闸动作情况及负荷损失情况，汇报调度，通知运维人员检查设备；③具备条件的，查看视频和故障录波辅助判断故障情况；④跟踪现场检查结果及处理进度，做好相关记录和沟通汇报；⑤配合调度做好事故处理。

8. 线路保护远跳就地判别动作

信息释义：当收到对侧远跳信号，满足本侧跳闸逻辑时，远跳就地判别动作。

常见原因分析：对侧断路器失灵保护或母差保护等保护动作通过线路保护向本侧发远跳信号。

后果及危险点：断路器跳闸。

一般处置方法：①梳理告警信息，检查相应线路断路器位置及电流值，配合对侧信息初步分析故障情况；②记录时间、站名、线路名称、断路器编号、保护信息及负荷损失情况，汇报调度，通知运维人员检查设备；③具备条件的，查看视频和故障录波辅助判断故障情况；④跟踪现场检查结果及处理进度，做好相关记录和沟通汇报；⑤配合调度做好事故处理。

9. 线路保护A（B、C）相跳闸出口

信息释义：线路保护动作出口至对应断路器A（B、C）相。

常见原因分析：保护范围内发生故障，保护动作出口。

后果及危险点：断路器A（B、C）相跳闸。

一般处置方法：①梳理告警信息，检查相应线路断路器位置及电流值，确认线路跳闸及重合闸动作情况；②记录时间、站名、线路名称、断路器编号、保护信息、重合闸动作情况及负荷损失情况，汇报调度，通知运维人员检查设备；③具备条件的，查看视频和故障录波辅助判断故障情况；④跟踪现场检查结果及处理进度，做好相关记录和沟通汇报；⑤配合调度做好事故处理。

10. 线路保护重合闸出口

信息释义：线路断路器跳闸后，满足重合闸逻辑，重合闸动作出口。

常见原因分析：①线路故障后断路器跳闸启动重合闸；②断路器偷跳。

后果及危险点：若重合于故障，将对电网和设备造成二次冲击。

一般处置方法：①梳理告警信息，配合线路跳闸信息初步分析故障；②记录时间、站名、线路名称、断路器编号、保护信息、重合闸动作情况及负荷损失情况，汇报调度，通知运维人员检查设备；③具备条件的，查看视频和故障录波辅助判断故障情况；④跟踪现场检查结果及处理进度，做好相关记录和沟通汇报；⑤配合调度做好事故处理。

11. 线路保护装置故障

信息释义：线路保护装置软硬件损坏或由于装置断电导致无法正常工作。

常见原因分析：①装置程序出错导致自检、巡检异常；②装置插件损坏；③装置失电。

后果及危险点：闭锁所有保护功能。保护范围内发生故障，保护拒动，会导致故障越级。

一般处置方法：①按照异常处理流程处置，通知运维人员现场检查并向相应调度汇报；②具备条件的保护装置宜尝试远方复归操作，将复归结果汇报相应调度并通知运维人员；③做好接收调度指令准备；④跟踪现场检查结果及处理进度，做好相关记录和沟通汇报。

12. 线路保护装置异常

信息释义：当装置出现异常情况时，发出告警信息，部分功能可能受到影响。

常见原因分析：①保护装置内部通信出错、跳位异常等；②保护装置自检、巡检异常；③保护装置TV、TA断线。

后果及危险点：可能影响部分保护功能。可能导致保护拒动或误动。

一般处置方法：①按照异常处理流程处置，通知运维人员现场检查并向相应调度汇报；②具备条件的保护装置宜尝试远方复归操作，将复归结果汇报相应调度并通知运维人员；③做好接收调度指令准备；④跟踪现场检查结果及处理进度，做好相关记录和沟通汇报。

13. 线路保护过负荷告警

信息释义：线路电流超过过负荷告警值，延时发出过负荷告警信息。

常见原因分析：①线路负荷增大，达到过负荷告警整定值；②事故后过负荷。

后果及危险点：增加线路损耗。影响线路寿命。

一般处置方法：①查看线路实际负荷及最小载流量，通知运维人员现场检查并向相应调度汇报；②具备条件的保护装置宜尝试远方复归操作，将复归结果汇报相应调度并通知运维人员；③跟踪现场检查结果及处理进度，做好相关记录和沟通汇报；④配合调度最好后续处理。

14. 线路保护重合闸闭锁

信息释义：保护重合闸功能闭锁，重合闸功能退出。

常见原因分析：①手跳、永跳闭锁重合闸；②断路器操动机构异常；③部分后备保护动作闭锁重合闸。

后果及危险点：故障跳闸后无法重合。造成负荷损失。

一般处置方法：①查看是否有其他异常伴生信息；②通知运维人员到站检查；③若无伴生信息，具备条件的保护装置宜尝试远方复归操作，并将复归结果通知运维人员；④跟踪现场检查结果及处理进度，做好相关记录和沟通汇报。

15. 线路保护TA断线

信息释义：保护装置检测到电流互感器二次回路开路或采样值异常等原因造成不平衡电流超过告警定值延时发TA断线告警信息，闭锁部分保护功能。

常见原因分析：①电流互感器本体故障；②电流互感器二次回路断线（含端子松动、接触不良）或短路；③线路保护装置采样插件损坏。

后果及危险点：根据定值控制字决定线路保护装置保护功能是否闭锁。可能导致保护拒动。

一般处置方法：①按照异常处理流程处置，通知运维人员现场检查并向相应调度汇报；②具备条件的保护装置宜尝试远方复归操作，将复归结果汇报相应调度并通知运维人员；③做好接收调度指令准备；④跟踪现场检查结果及处理进度，做好相关记录和沟通汇报。

16. 线路保护TV断线

信息释义：线路保护装置检测到电压异常，延时发TV断线告警信息。

常见原因分析：①电压互感器本体故障；②电压互感器二次回路断线（含端子松动、接触不良）或短路；③线路保护装置采样插件损坏。

后果及危险点：可能影响部分保护功能。可能导致保护误动或拒动。

一般处置方法：①按照异常处理流程处置，通知运维人员现场检查并向相应调度汇报；②具备条件的保护装置宜尝试远方复归操作，将复归结果汇报相应调度并通知运维人员；③做好接收调度指令准备；④跟踪现场检查结果及处理进度，做好相关记录和沟通汇报。

17. 线路保护长期有差流

信息释义：线路两侧电流采样不一致导致长期存在差流，超过告警值。

常见原因分析：①线路一侧 TA 异常；②保护装置采样插件异常；③线路本身存在差流。

后果及危险点：随着差流的增大，保护存在误动的可能。

一般处置方法：①按照异常处理流程处置，通知运维人员现场检查并向相应调度汇报；②具备条件的保护装置宜尝试远方复归操作，将复归结果汇报相应调度并通知运维人员；③做好接收调度指令准备；④跟踪现场检查结果及处理进度，做好相关记录和沟通汇报。

18. 线路保护两侧差动投退不一致

信息释义：线路两侧差动保护投入情况不一致导致。

常见原因分析：线路两侧差动保护硬连接片或功能连接片投退状态不一致。

后果及危险点：差动保护拒动，由后备保护切除故障。故障切除时间延长。

一般处置方法：①按照异常处理流程处置，通知运维人员现场检查并向相应调度汇报；②做好接收调度指令准备；③跟踪现场检查结果及处理进度，做好相关记录和沟通汇报。

19. 线路保护通道一（二）异常

信息释义：保护装置检测到通道一（二）异常，发出告警信息。

常见原因分析：①保护装置内部元件故障；②光纤连接松动或损坏、法兰头损坏；③光电转换装置故障；④通信设备故障或光纤通道问题；⑤光功率异常、定值装置地址控制字有误或通道交叉等。

后果及危险点：可能导致差动保护拒动，由后备保护切除故障。可能导致故障切除时间延长。

一般处置方法：①按照异常处理流程处置，通知运维人员现场检查并向相应调度汇报；②具备条件的保护装置宜尝试远方复归操作，将复归结果汇报相应调度并通知运维人员；③做好接收调度指令准备；④跟踪现场检查结果及处理进度，做好相关记录和沟通汇报。

20. 线路保护电压切换装置继电器同时动作

信息释义：反映双母线接线的 TV 二次发生并列。

常见原因分析：①正常倒母线操作过程中，刀闸位置双跨；②刀闸辅助触点损坏；③电压切换继电器损坏；④电压切换回路存在异常。

后果及危险点：可能影响部分保护功能。可能导致二次反送电。

一般处置方法：①按照异常处理流程处置，通知运维人员现场检查并向相应调度汇报；②具备条件的保护装置宜尝试远方复归操作，将复归结果汇报相应调度并通知运维人员；③做好接收调度指令准备；④跟踪现场检查结果及处理进度，做好相关记录和沟通汇报。

21. 线路保护装置通信中断

信息释义：线路保护与后台机、远动、规约转换等装置通信中断。

常见原因分析：①保护装置网线接口损坏或接触不良；②相应交换机故障。

后果及危险点：保护装置部分信号无法上送。保护动作信息无法正常上送，影响监控员对事故的判断和后续处理。

一般处置方法：①按照异常处理流程处置，通知运维人员现场检查并向相应调度汇报；②待运维人员到达现场后，将相关监控职责移交站端；③处理完毕后，核实站端监控期间是否有异常，确认无误后收回相应监控职责。

22. 线路保护SV总告警

信息释义：线路保护接收 SV 报文出现异常时，发出总告警。

常见原因分析：①SV 物理链路中断；②与 SV 链路对端装置检修不一致；③SV 报文数据异常，或发送和接收不匹配。

后果及危险点：线路保护装置无法正常接收 SV 报文，闭锁保护。可能导致保护装置误动或拒动。

一般处置方法：①按照异常处理流程处置，通知运维人员现场检查并向相应调度汇报；②具备条件的保护装置宜尝试远方复归操作，将复归结果汇报相应调度并通知运维人员；③做好接收调度指令准备；④跟踪现场检查结果及处理进度，做好相关记录和沟通汇报。

23. 线路保护SV采样链路中断

信息释义：由于线路保护接收 SV 链路中断引起的 SV 报文接收异常。

常见原因分析：①SV 物理链路中断；②SV 报文数据异常，或发送和接收不匹配。

后果及危险点：线路保护装置无法正常接收 SV 报文，闭锁保护。可能导致保护装置误动或拒动。

一般处置方法：①按照异常处理流程处置，通知运维人员现场检查并向相应调度汇报；②具备条件的保护装置宜尝试远方复归操作，将复归结果汇报相应调度并通知运维人员；③做好接收调度指令准备；④跟踪现场检查结果及处理进度，做好相关记录和沟通汇报。

24. 线路保护GOOSE总告警

信息释义：当线路保护装置接收 GOOSE 报文出现异常时，发出总告警。

常见原因分析：①GOOSE 物理链路中断；②与 GOOSE 链路对端装置检修不一致；③GOOSE 报文数据异常，或发送和接收不匹配。

后果及危险点：线路保护装置无法接收 GOOSE 报文。可能导致保护装置误动或拒动。

一般处置方法：①按照异常处理流程处置，通知运维人员现场检查并向相应调度汇报；②具备条件的保护装置宜尝试远方复归操作，将复归结果汇报相应调度并通知运维人员；③做好接收调度指令准备；④跟踪现场检查结果及处理进度，做好相关记录和沟通汇报。

25. 线路保护GOOSE链路中断

信息释义：由于线路保护装置接收 GOOSE 链路中断引起的 GOOSE 报文接收异常。

常见原因分析：①GOOSE 物理链路中断；②GOOSE 报文数据异常，或发送和接收不匹配。

后果及危险点：线路保护装置无法接收 GOOSE 报文。可能导致保护装置误动或拒动。

一般处置方法:①按照异常处理流程处置,通知运维人员现场检查并向相应调度汇报;②具备条件的保护装置宜尝试远方复归操作,将复归结果汇报相应调度并通知运维人员;③做好接收调度指令准备;④跟踪现场检查结果及处理进度,做好相关记录和沟通汇报。

26. 线路保护对时异常

信息释义:线路保护装置需要接收外部时间信号,以保证装置时间的准确性。当装置外接对时源失能而又没有同步上外界时间信号时,报出该信号。

常见原因分析:时钟装置发送的对时信号异常、外部时间信号丢失、对时光纤或电缆连接异常、装置对时插件故障等。

后果及危险点:线路保护装置长时间对时丢失,将影响就地事件(SOE)的时标精确性。影响对事故跳闸的分析。

一般处置方法:①按照异常处理流程处置,通知运维人员现场检查;②具备条件的保护装置宜尝试远方复归操作,并将复归结果通知运维人员;③跟踪现场检查结果及处理进度,做好相关记录和沟通汇报。

27. 线路保护检修不一致

信息释义:线路保护装置与其有逻辑联系的装置检修连接片投入状态不一致。

常见原因分析:线路保护装置与其有逻辑联系的智能终端、合并单元等装置检修连接片投入状态不一致。

后果及危险点:保护装置不会出口。可能造成保护拒动。

一般处置方法:①按照异常处理流程处置,通知运维人员现场检查;②核实现场检查结果,必要时向相应调度汇报;③跟踪现场检查结果及处理进度,做好相关记录和沟通汇报。

四、母线保护典型信息

1. 母线保护出口

信息释义:母差或失灵动作发出跳闸命令。

常见原因分析:①母线发生接地或短路故障;②发生死区故障;③线路或变压器保护动作,因断路器拒动,引起该断路器所在母线失灵保护动作。

后果及危险点:相应出口断路器跳闸。故障可能向相邻相近母线发展,引起更大范围故障。

一般处置方法:①梳理告警信息,检查相应母线上断路器位置及母线电压,初步分析故障情况;②记录时间、站名、母线编号、跳闸断路器、保护信息及负荷损失情况,汇报调度,通知运维人员检查设备;③具备条件的,查看视频和故障录波辅助判断故障情况;④跟踪现场检查结果及处理进度,做好相关记录和沟通汇报;⑤配合调度做好事故处理。

2. 母线保护差动出口

信息释义：母差保护动作发出跳闸命令。

常见原因分析：母线发生接地或短路故障。

后果及危险点：故障母线所连断路器跳闸。故障可能向邻近母线发展，引起更大范围故障。

一般处置方法：①梳理告警信息，检查相应母线上断路器位置及母线电压，初步分析故障情况；②记录时间、站名、母线编号、跳闸断路器、保护信息及负荷损失情况，汇报调度，通知运维人员检查设备；③具备条件的，查看视频和故障录波辅助判断故障情况；④跟踪现场检查结果及处理进度，做好相关记录和沟通汇报；⑤配合调度做好事故处理。

3. 母线保护Ⅰ母（或Ⅱ母）差动出口

信息释义：母差保护动作发出Ⅰ母（或Ⅱ母）上所有断路器跳闸命令。

常见原因分析：Ⅰ母（或Ⅱ母）母线发生故障。

后果及危险点：Ⅰ母（或Ⅱ母）上所有断路器跳闸。故障可能向相邻相近母线发展，引起更大范围故障；

一般处置方法：①梳理告警信息，检查相应母线上断路器位置及母线电压，初步分析故障情况；②记录时间、站名、母线编号、跳闸断路器、保护信息及负荷损失情况，汇报调度，通知运维人员检查设备；③具备条件的，查看视频和故障录波辅助判断故障情况；④跟踪现场检查结果及处理进度，做好相关记录和沟通汇报；⑤配合调度做好事故处理。

4. 母线保护失灵出口

信息释义：失灵保护动作发出跳闸命令。

常见原因分析：发生故障时，相应断路器拒动。

后果及危险点：跳开拒动断路器所在母线上的其他间隔断路器。

一般处置方法：①梳理告警信息，检查相应母线上断路器位置及母线电压，初步分析故障情况；②检查是否有断路器拒动；③记录时间、站名、母线编号、跳闸断路器、保护信息及负荷损失情况，汇报调度，通知运维人员检查设备；④具备条件的，查看视频和故障录波辅助判断故障情况；⑤跟踪现场检查结果及处理进度，做好相关记录和沟通汇报；⑥配合调度做好事故处理。

5. 母线保护Ⅰ母（或Ⅱ母）失灵出口

信息释义：母差失灵保护动作发出跳开Ⅰ母上所有断路器的跳闸命令。

常见原因分析：Ⅰ母（或Ⅱ母）母线上线路或变压器发生故障，相应断路器拒动。

后果及危险点：Ⅰ母（或Ⅱ母）上所有断路器跳闸。

一般处置方法：①梳理告警信息，检查相应母线上断路器位置及母线电压，初步分析故障情况；②检查是否有断路器拒动；③记录时间、站名、母线编号、跳闸断路器、保护信息及负荷损失情况，汇报调度，通知运维人员检查设备；④具备条件的，查看视频和故障录波辅助判断故障情况；⑤跟踪现场检查结果及处理进度，做好相关记录和沟通汇报；⑥配合调度做好事故处理。

6. 母线保护装置故障

信息释义：母线保护保护装置软硬件损坏或由于装置断电导致无法正常工作。

常见原因分析：①装置程序出错导致自检、巡检异常；②装置插件损坏；③装置失电。

后果及危险点：闭锁所有保护功能。如果当时所保护设备故障，保护拒动，故障越级。

一般处置方法：①按照异常处理流程处置，通知运维人员现场检查并向相应调度汇报；②具备条件的保护装置宜尝试远方复归操作，将复归结果汇报相应调度并通知运维人员；③做好接收调度指令准备；④跟踪现场检查结果及处理进度，做好相关记录和沟通汇报。

7. 母线保护装置异常

信息释义：当装置出现异常情况时，发出告警信息，部分功能可能受到影响。

常见原因分析：①保护装置内部通信出错、长期启动等；②保护装置自检、巡检异常；③保护装置 TV、TA 断线。

后果及危险点：可能影响部分保护功能。可能导致保护拒动或误动。

一般处置方法：①按照异常处理流程处置，通知运维人员现场检查并向相应调度汇报；②具备条件的保护装置宜尝试远方复归操作，将复归结果汇报相应调度并通知运维人员；③做好接收调度指令准备；④跟踪现场检查结果及处理进度，做好相关记录和沟通汇报。

8. 母线保护启动

信息释义：母线保护启动元件动作。

常见原因分析：电流、电压采样值达到保护启动定值。

后果及危险点：启动元件动作，保护开放。

一般处置方法：①查看是否有其他事故类信息或断路器变位；②通知运维人员到站检查；③无其他伴生信息时，具备条件的保护装置宜尝试远方复归操作，并将复归结果通知运维人员；④跟踪现场检查结果及处理进度，做好相关记录和沟通汇报。

9. 母线保护TA断线

信息释义：母线保护装置检测到电流互感器二次回路开路或采样值异常等原因造成不平衡电流超过告警定值延时发 TA 断线告警信息。

常见原因分析：①保护装置采样插件损坏；②保护用电流互感器二次回路断线（含端子松动、接触不良等）；③保护用电流互感器本体损坏。

后果及危险点：闭锁母差保护。如果当时所保护设备故障，保护拒动，故障越级。

一般处置方法：①按照异常处理流程处置，通知运维人员现场检查并向相应调度汇报；②具备条件的保护装置宜尝试远方复归操作，将复归结果汇报相应调度并通知运维人员；③做好接收调度指令准备；④跟踪现场检查结果及处理进度，做好相关记录和沟通汇报。

10. 母线保护支路TA断线

信息释义：母线保护装置检测到电流互感器二次回路开路或采样值异常等原因造成不平衡电流超过告警定值延时发 TA 断线告警信息。

常见原因分析：①保护装置采样插件损坏；②保护用电流互感器二次回路断线（含端子松动、接触不良等）；③保护用电流互感器本体损坏。

后果及危险点：闭锁母差保护。如果当时所保护设备故障，保护拒动，故障越级。

一般处置方法：①按照异常处理流程处置，通知运维人员现场检查并向相应调度汇报；②具备条件的保护装置宜尝试远方复归操作，将复归结果汇报相应调度并通知运维人员；③做好接收调度指令准备；④跟踪现场检查结果及处理进度，做好相关记录和沟通汇报。

11. 母线保护TV断线

信息释义：母差保护装置检测到Ⅰ母或Ⅱ母电压消失或三相不平衡。

常见原因分析：①保护装置采样插件损坏；②电压互感器熔断器熔断或空气断路器跳闸，电压互感器二次回路断线（含端子松动、接触不良等）；③电压互感器本体损坏。

后果及危险点：母差保护和失灵保护的复合电压闭锁功能自动退出。可能导致保护误动。

一般处置方法：①按照异常处理流程处置，通知运维人员现场检查并向相应调度汇报；②具备条件的保护装置宜尝试远方复归操作，将复归结果汇报相应调度并通知运维人员；③做好接收调度指令准备；④跟踪现场检查结果及处理进度，做好相关记录和沟通汇报。

12. 母线保护装置通信中断

信息释义：母线保护与后台机、远动、规约转换等装置通信中断。

常见原因分析：①保护装置网线接口损坏或接触不良；②交换机故障。

后果及危险点：保护装置部分信息无法上传。保护动作信息无法正常上送，影响监控员对事故的判断和后续处理。

一般处置方法：①按照异常处理流程处置，通知运维人员现场检查并向相应调度汇报；②待运维人员到达现场后，将相关监控职责移交站端；③处理完毕后，核实站端监控期间是否有异常，确认无误后收回相应监控职责。

13. 母线保护刀闸位置异常

信息释义：母差保护检测到母线侧刀闸位置发生变化或与实际位置不符。

常见原因分析：①刀闸位置双跨；②刀闸位置变位；③刀闸开入位置与实际不符。

后果及危险点：可能造成母差保护失去选择性。可能导致保护误动或拒动。

一般处置方法：①按照异常处理流程处置，通知运维人员现场检查并向相应调度汇报；②具备条件的保护装置宜尝试远方复归操作，将复归结果汇报相应调度并通知运维人员；③做好接收调度指令准备。

五、母联保护典型信息

1. 母联（分段）保护出口

信息释义：母联（分段）保护动作发出跳闸命令。

常见原因分析：充电保护动作出口。

后果及危险点：母联（分段）断路器跳闸。

一般处置方法：①梳理告警信息，检查相应断路器位置及电流，初步分析故障情况；②记录时间、站名、跳闸断路器编号及保护动作信息，汇报调度，通知运维人员检查设备；③具备条件的，查看视频和故障录波辅助判断故障情况；④跟踪现场检查结果及处理进度，做好相关记录和沟通汇报；⑤配合调度做好事故处理。

2. 母联（分段）保护过电流Ⅰ（Ⅱ）段出口

信息释义：母联（分段）保护过电流Ⅰ（Ⅱ）段动作发出跳闸命令。

常见原因分析：充电保护过电流Ⅰ（Ⅱ）段动作出口。

后果及危险点：母联（分段）断路器跳闸。

一般处置方法：①梳理告警信息，检查相应断路器位置及电流，初步分析故障情况；②记录时间、站名、跳闸断路器编号及保护动作信息，汇报调度，通知运维人员检查设备；③具备条件的，查看视频和故障录波辅助判断故障情况；④跟踪现场检查结果及处理进度，做好相关记录和沟通汇报；⑤配合调度做好事故处理。

六、智能变电站特有典型信息

1. 智能终端故障

信息释义：智能终端装置软硬件损坏或由于装置断电导致无法正常工作。

常见原因分析：①装置程序出错导致自检、巡检异常；②装置插件损坏；③装置失电。

后果及危险点：该智能终端装置无法出口，遥信、遥控功能无法实现。可能造成故障范围扩大或设备失去监控。

一般处置方法：①按照异常处理流程处置，通知运维人员现场检查并向相应调度汇报；②具备条件的装置宜尝试远方复归操作，将复归结果汇报相应调度并通知运维人员；③与现场核实受影响的保护；④若影响部分设备监控，应将相应监控职责移交站端；⑤跟踪现场检查结果及处理进度，做好相关记录和沟通汇报。

2. 智能终端异常

信息释义：当装置出现异常情况时，发出告警信息，但部分功能可能受到影响。

常见原因分析：①装置自身元件的异常；②装置所接的外部回路异常，如 GPS 时钟源异常、GOOSE 断链；③跳合闸回路异常，如控制回路异常；④部分变压器本体智能终端集成的非电量保护控制电源消失。

后果及危险点：该装置可能无法接收、发送 GOOSE 报文，遥信、遥控功能可能无法实现。可能造成相关保护误动、拒动或失去监控。

一般处置方法：①按照异常处理流程处置，通知运维人员现场检查并向相应调度汇报；②具备条件的装置宜尝试远方复归操作，将复归结果汇报相应调度并通知运维人员；③与现场核实是否影响相关保护；④若影响部分设备监控，应将相应监控职责移交站端；⑤跟踪现场检查结果及处理进度，做好相关记录和沟通汇报。

3. 智能终端GOOSE总告警

信息释义：当智能终端接收 GOOSE 报文出现异常时，发出总告警。

常见原因分析：①GOOSE 物理链路中断；②与 GOOSE 链路对端装置检修不一致；③GOOSE 报文数据异常，或发送和接收不匹配。

后果及危险点：该装置可能无法接收 GOOSE 报文，遥信、遥控功能可能无法实现。可能造成相关保护误动、拒动或失去监控。

一般处置方法：①按照异常处理流程处置，通知运维人员现场检查并向相应调度汇报；②具备条件的装置宜尝试远方复归操作，将复归结果汇报相应调度并通知运维人员；③与现场核实是否影响相关保护；④跟踪现场检查结果及处理进度，做好相关记录和沟通汇报。

4. 智能终端对时异常

信息释义：智能终端需要接收外部时间信号，如 IRIGB，1588 等，以保证装置时间的准确性。当装置外接对时源失能而又没有同步上外界时间信号时，报出该信号。

常见原因分析：时钟装置发送的对时信号异常、或外部时间信号丢失、对时光纤连接异常、装置对时插件故障等。

后果及危险点：该智能终端长时间对时丢失，将影响就地事件（SOE）的时标精确性。影响对事故跳闸的分析。

一般处置方法：①按照异常处理流程处置，通知运维人员现场检查；②具备条件的装置宜尝试远方复归操作，并将复归结果通知运维人员；③跟踪现场检查结果及处理进度，做好相关记录和沟通汇报。

5. 智能终端GOOSE检修不一致

信息释义：智能终端与其有 GOOSE 联系的设备检修不一致。

常见原因分析：智能终端与其有 GOOSE 联系的设备检修连接片位置不一致。

后果及危险点：智能终端无法正确处理 GOOSE 报文命令。相关保护装置无法出口，遥控无法执行。可能造成故障范围扩大。

一般处置方法：①按照异常处理流程处置，通知运维人员现场检查；②核实现场检查结果，必要时向相应调度汇报；③跟踪现场检查结果及处理进度，做好相关记录和沟通汇报。

6. 智能终端GOOSE链路中断

信息释义：由于智能终端接收 GOOSE 链路中断引起的 GOOSE 报文接收异常。

常见原因分析：①GOOSE 物理链路中断；②GOOSE 报文数据异常，或发送和接收不匹配。

后果及危险点：智能终端可能无法接收 GOOSE 报文。可能导致保护装置无法出口，遥控无法执行。

一般处置方法：①按照异常处理流程处置，通知运维人员现场检查并向相应调度汇报；②具备条件的装置宜尝试远方复归操作，将复归结果汇报相应调度并通知运维人员；③与现场核实是否影响相关保护；④跟踪现场检查结果及处理进度，做好相关记录和沟通汇报。

7. 合并单元故障

信息释义：合并单元装置软硬件损坏或由于装置断电导致无法正常工作。

常见原因分析：①装置程序出错导致自检、巡检异常；②装置插件损坏；③装置失电。

后果及危险点：合并单元装置无法运行，无法发送 SV 报文，导致相关保护功能闭锁。可能造成故障范围扩大或遥测无法正常监视。

一般处置方法：①按照异常处理流程处置，通知运维人员现场检查并向相应调度汇报；②具备条件的装置宜尝试远方复归操作，将复归结果汇报相应调度并通知运维人员；③与现场核实受影响的保护；④跟踪现场检查结果及处理进度，做好相关记录和沟通汇报。

8. 合并单元异常

信息释义：合并单元可能退出部分装置功能，发告警信号。

常见原因分析：①内部元件异常：包括采集器异常，电源电压异常等；②外部信号异常：包括同步信号丢失，相关 GOOSE 控制块断链，采样数据丢帧等。

后果及危险点：合并单元装置部分功能退出，可能无法发送 SV 报文。可能导致保护装置误动或拒动。

一般处置方法：①按照异常处理流程处置，通知运维人员现场检查并向相应调度汇报；②具备条件的装置宜尝试远方复归操作，将复归结果汇报相应调度并通知运维人员；③与现场核实是否影响相关保护；④跟踪现场检查结果及处理进度，做好相关记录和沟通汇报。

9. 合并单元对时异常

信息释义：合并单元需要接收外部时间信号，如 IRIGB，1588 等，以保证装置时间的准确性。当装置外接对时源失能而又没有同步上外界时间信号时，报出该信号。

常见原因分析：时钟装置发送的对时信号异常、或外部时间信号丢失、对时光纤连接异常、装置对时插件故障等。

后果及危险点：合并单元长时间对时异常，可能导致发送 SV 报文间隔性变差或者出现丢帧。可能造成网采保护装置采样异常，闭锁部分保护功能。

一般处置方法：①按照异常处理流程处置，通知运维人员现场检查；②具备条件的装置宜尝试远方复归操作，并将复归结果通知运维人员；③跟踪现场检查结果及处理进度，做好相关记录和沟通汇报。

10. 合并单元SV总告警

信息释义：合并单元接收 SV 报文出现异常时，发出总告警。

常见原因分析：①SV 物理链路中断；②与 SV 链路对端装置检修不一致；③SV 报文数据异常，或发送和接收不匹配。

后果及危险点：合并单元装置无法正常接收 SV 报文。相关保护装置无法正常采样。可能导致保护装置误动或拒动。

一般处置方法：①按照异常处理流程处置，通知运维人员现场检查并向相应调度汇报；②具备条件的装置宜尝试远方复归操作，将复归结果汇报相应调度并通知运维人员；③与现场核实是否影响相关保护；④跟踪现场检查结果及处理进度，做好相关记录和沟通汇报。

11. 合并单元SV采样链路中断

信息释义：由于合并单元 SV 链路中断引起的 SV 报文接收异常。

常见原因分析：①SV 物理链路中断；②SV 报文数据异常，或发送和接收不匹配。

后果及危险点：合并单元装置无法正常接收 SV 报文。相关保护装置无法正常采样。可能导致保护装置误动或拒动。

一般处置方法：①按照异常处理流程处置，通知运维人员现场检查并向相应调度汇报；②具备条件的装置宜尝试远方复归操作，将复归结果汇报相应调度并通知运维人员；③与现场核实是否影响相关保护；④跟踪现场检查结果及处理进度，做好相关记录和沟通汇报。

12. 合并单元GOOSE总告警

信息释义：当合并单元接收 GOOSE 报文出现异常时，发出总告警。

常见原因分析：①GOOSE 物理链路中断；②与 GOOSE 链路对端装置检修不一致；③GOOSE 报文数据异常，或发送和接收不匹配。

后果及危险点：合并单元可能无法接收 GOOSE 报文。可能造成电压切换异常，远方复归异常。

一般处置方法：①按照异常处理流程处置，通知运维人员现场检查；②具备条件的装置宜尝试远方复归操作，并将复归结果通知运维人员；③跟踪现场检查结果及处理进度，做好相关记录和沟通汇报。

13. 合并单元GOOSE链路中断

信息释义：由于合并单元 GOOSE 链路中断引起的 GOOSE 报文接收异常。

常见原因分析：①GOOSE 物理链路中断；②GOOSE 报文数据异常，或发送和接收不匹配。

后果及危险点：合并单元可能无法接收 GOOSE 报文。可能造成电压切换异常，远方复归异常。

一般处置方法：①按照异常处理流程处置，通知运维人员现场检查；②具备条件的装置宜尝试远方复归操作，并将复归结果通知运维人员；③跟踪现场检查结果及处理进度，做好相关记录和沟通汇报。

14. 合并单元SV检修不一致

信息释义：合并单元与其有 SV 联系的设备检修不一致。

常见原因分析：合并单元与其有 SV 联系的设备检修不一致。

后果及危险点：合并单元装置无法正常接收 SV 报文。相关保护装置无法正常采样。可能导致保护装置误动或拒动。

一般处置方法：①按照异常处理流程处置，通知运维人员现场检查；②核实现场检查结果，必要时向相应调度汇报；③跟踪现场检查结果及处理进度，做好相关记录和沟通汇报。

15. 合并单元GOOSE检修不一致

信息释义：合并单元与其有 GOOSE 联系的设备检修不一致。

常见原因分析：合并单元与其有 GOOSE 联系的设备检修不一致。

后果及危险点：合并单元可能无法接收 GOOSE 报文。可能造成电压切换异常，远方复归异常。

一般处置方法：①按照异常处理流程处置，通知运维人员现场检查；②核实现场检查结果，必要时向相应调度汇报；③跟踪现场检查结果及处理进度，做好相关记录和沟通汇报。

16. 合并单元电压切换异常

信息释义：合并单元电压切换异常，无法进行电压切换。

常见原因分析：合并单元电压切换功能异常或刀闸位置接收异常。

后果及危险点：无法进行电压切换。可能导致保护装置误动或拒动。

一般处置方法：①若是倒母操作过程中引起的，则是正常信号；②若倒母操作结束后该信号还未复归，应通知运维班检查；③跟踪现场检查结果及处理进度，做好相关记录和沟通汇报。

17. 合并单元电压并列

信息释义：Ⅰ、Ⅱ母刀闸同时合上时，造成双母线二次电压并列。

常见原因分析：①断路器热倒操作时两把母线刀闸同时合上时；②分开的母线刀闸辅助触点未可靠返回。

后果及危险点：无法正常进行电压切换。可能导致保护装置误动或拒动。

一般处置方法：①若是倒母操作过程中引起的，则是正常信号；②若倒母操作结束后该信号还未复归，应通知运维班检查；③跟踪现场检查结果及处理进度，做好相关记录和沟通汇报。

18. 测控装置故障

信息释义：测控装置软硬件损坏或由于装置断电导致无法正常工作。

常见原因分析：①装置程序出错导致自检、巡检异常；②装置插件损坏；③装置失电。

后果及危险点：测控装置的遥信、遥测数据无法正常上送，遥控命令无法执行。可能造成相应间隔失去监控功能。

一般处置方法：①按照异常处理流程处置，通知运维人员现场检查；②与现场核实检查结果；③确认失去监控的设备，并将相应监控职责移交站端；④跟踪现场检查结果及处理进度，做好相关记录和沟通汇报。

19. 测控装置异常

信息释义：当装置出现异常情况时，发出告警信息，部分功能可能受到影响。

常见原因分析：①装置内部通信出错；②装置自检、巡检异常；③装置内部电源异常；④装置内部元件、模块故障。

后果及危险点：部分或全部遥信、遥测、遥控功能失效。可能造成相应间隔失去监控功能。

一般处置方法：①按照异常处理流程处置，通知运维人员现场检查；②与现场核实检查结果；③若影响部分设备监控功能，应将相应监控职责移交站端；④跟踪现场检查结果及处理进度，做好相关记录和沟通汇报。

20. 测控装置GOOSE总告警

信息释义：当测控装置接收GOOSE报文出现异常时，发出总告警。

常见原因分析：①GOOSE物理链路中断；②与GOOSE链路对端装置检修不一致；③GOOSE报文数据异常，或发送和接收不匹配。

后果及危险点：造成测控装置GOOSE信号无法接收或者接收的GOOSE信号滞后于实际情况。可能造成相应间隔失去监视。

一般处置方法：①按照异常处理流程处置，通知运维人员现场检查；②与现场核实检查结果；③若影响部分设备监控功能，应将相应监控职责移交站端；④跟踪现场检查结果及处理进度，做好相关记录和沟通汇报。

21. 测控装置GOOSE链路中断

信息释义：由于测控装置接收GOOSE链路中断引起的GOOSE报文接收异常。

常见原因分析：①GOOSE物理链路中断；②GOOSE报文数据异常，或发送和接收不匹配。

后果及危险点：造成测控装置GOOSE信号无法接收或者接收的GOOSE信号滞后于实际情况。可能造成相应间隔失去监视。

一般处置方法：①按照异常处理流程处置，通知运维人员现场检查；②与现场核实检查结果；③若影响部分设备监控功能，应将相应监控职责移交站端；④跟踪现场检查结果及处理进度，做好相关记录和沟通汇报。

22. 测控装置GOOSE链路中断

信息释义：测控装置接收装置 GOOSE 链路中断。

常见原因分析：①GOOSE 物理链路中断；②GOOSE 报文数据异常，或发送和接收不匹配。

后果及危险点：造成测控装置 GOOSE 信号无法接收或者接收的 GOOSE 信号滞后于实际情况。可能造成相应间隔失去监视。

一般处置方法：①按照异常处理流程处置，通知运维人员现场检查；②与现场核实检查结果；③若影响部分设备监控功能，应将相应监控职责移交站端；④跟踪现场检查结果及处理进度，做好相关记录和沟通汇报。

23. 测控装置SV总告警

信息释义：测控装置接收 SV 报文出现异常时，发出总告警。

常见原因分析：①SV 物理链路中断；②与 SV 链路对端装置检修不一致；③SV 报文数据异常，或发送和接收不匹配。

后果及危险点：造成装置接收 SV 报文异常或无效，进而导致装置采样丢失或异常可能造成相应间隔遥测数据无法上送。

一般处置方法：①按照异常处理流程处置，通知运维人员现场检查；②与现场核实检查结果；③若影响部分设备监控功能，应将相应监控职责移交站端；④跟踪现场检查结果及处理进度，做好相关记录和沟通汇报。

24. 测控装置SV采样链路中断

信息释义：由于测控装置接收 SV 链路中断引起的 SV 报文接收异常。

常见原因分析：①SV 物理链路中断；②SV 报文数据异常，或发送和接收不匹配。

后果及危险点：造成装置接收 SV 报文异常或无效，进而导致装置采样丢失或异常。可能造成相应间隔遥测数据无法上送。

一般处置方法：①按照异常处理流程处置，通知运维人员现场检查；②与现场核实检查结果；③若影响部分设备监控功能，应将相应监控职责移交站端；④跟踪现场检查结果及处理进度，做好相关记录和沟通汇报。

七、其他二次设备典型信息

1. 电容器保护出口

信息释义：电容器保护动作发出跳闸命令。

常见原因分析：电流、电压采样值达到保护动作定值。

后果及危险点：电容器断路器跳闸，可能影响系统电压。

一般处置方法：①梳理告警信息，检查相应电容器断路器位置及电流，初步分析故障情况；②检查变电站电压是否受到影响；③记录时间、站名、跳闸断路器编号及保护动作信息，汇报调度，通知运维人员检查设备；④具备条件的，查看视频和故障录波辅助判断故障情况；⑤跟踪现场检查结果及处理进度，做好相关记录和沟通汇报；⑥配合调度做好事故处理。

2. 站用变保护出口

信息释义：站用变保护动作发出跳闸命令。

常见原因分析：站用变保护动作出口。

后果及危险点：造成断路器出口及低压交流盘失电。若站内低压交流盘互投未启动，造成变电站内部分低压交流盘失电。

一般处置方法：①梳理告警信息，检查相应站用变断路器位置及电流，初步分析故障情况；②检查站用电是否受到影响；③记录时间、站名、跳闸断路器编号及保护动作信息，汇报调度，通知运维人员检查设备；④具备条件的，查看视频和故障录波辅助判断故障情况；⑤跟踪现场检查结果及处理进度，做好相关记录和沟通汇报；⑥配合调度做好事故处理。

3. 备自投出口

信息释义：备自投装置动作发出动作命令。

常见原因分析：①工作电源失压（进线备自投方式）；②电源Ⅰ或Ⅱ失压（分段备自投方式）。

后果及危险点：①断开工作电源，投入备用电源；②跳电源Ⅰ（或Ⅱ），合母联（分段）。可能造成过负荷风险。

一般处置方法：①检查相应断路器位置及电流值，结合其他事故及变位信息分析故障；②记录时间、站名、跳闸断路器编号、保护信息、自投动作情况及负荷损失情况，汇报调度，通知运维人员检查设备；③具备条件的，查看视频和故障录波辅助判断故障情况；④跟踪现场检查结果及处理进度，做好相关记录和沟通汇报；⑤配合调度做好事故处理。

4. 故障解列装置出口

信息释义：故障解列装置动作发出跳闸命令。

常见原因分析：母线或线路的电压、频率等变化达到定值。

后果及危险点：相应断路器跳闸。可能造成部分负荷损失或电网的解列、解环等。

一般处置方法：①检查相应断路器位置及电流值，确认具体跳开断路器；②梳理告警信息，记录时间、站名、跳闸断路器编号、保护及安自装置动作信息，汇报调度，通知运维人员检查设备；③具备条件的，查看视频和故障录波辅助判断故障情况；④跟踪现场检查结果及处理进度，做好相关记录和沟通汇报；⑤配合调度做好事故处理。

5. 测控装置直流电源消失

信息释义：测控装置电源消失。

常见原因分析：①直流电源自动空气开关跳闸；②电源回路断线或电源插件故障。

后果及危险点：测控装置的遥信、遥测数据无法正常上送，遥控命令无法执行。可能造成相应间隔失去监控。

一般处置方法：①按照异常处理流程处置，通知运维人员现场检查；②与现场核实检查结果；③若影响设备监控功能，应将相应监控职责移交站端；④跟踪现场检查结果及处理进度，做好相关记录和沟通汇报。

6. 测控装置遥信电源消失

信息释义：测控装置遥信电源消失。

常见原因分析：①遥信电源自动空气开关跳闸；②遥信回路断线或开入插件故障。

后果及危险点：测控装置的遥信数据无法正常上送。可能造成相应间隔失去监视。

一般处置方法：①按照异常处理流程处置，通知运维人员现场检查；②与现场核实检查结果；③若影响设备部分监控功能，应将相应监控职责移交站端；④跟踪现场检查结果及处理进度，做好相关记录和沟通汇报。

7. 测控装置A网通信中断

信息释义：测控装置与远动后台等的A网通信中断。

常见原因分析：①保护装置网线接口损坏或接触不良；②交换机故障。

后果及危险点：测控装置的遥信、遥测数据无法通过A网正常上送，遥控命令无法通过A网下发。若B网同时中断，相应间隔将失去监控。

一般处置方法：①按照异常处理流程处置，通知运维人员现场检查；②与现场核实检查结果；③若影响部分设备监控功能，应将相应监控职责移交站端；④跟踪现场检查结果及处理进度，做好相关记录和沟通汇报。

8. 测控装置B网通信中断

信息释义：测控装置与远动后台等的B网通信中断。

常见原因分析：①保护装置网线接口损坏或接触不良；②交换机故障。

后果及危险点：测控装置的遥信、遥测数据无法通过B网正常上送，遥控命令无法通过B网下发。若A网同时中断，相应间隔将失去监控。

一般处置方法：①按照异常处理流程处置，通知运维人员现场检查；②与现场核实检查结果；③若影响部分设备监控功能，应将相应监控职责移交站端；④跟踪现场检查结果及处理进度，做好相关记录和沟通汇报。

9. 测控装置对时异常

信息释义：测控装置需要接收外部时间信号，以保证装置时间的准确性。当装置外接对时源失能而又没有同步上外界时间信号时，报出该信号。

常见原因分析：时钟装置发送的对时信号异常、外部时间信号丢失、对时光纤或电缆连接异常、装置对时插件故障等。

后果及危险点：可能会造成装置与站内其他设备时间不同步，可能对保护相关信号的采集、上送及相关动作机制的判别造成一定的影响。影响对事故及异常的分析。

一般处置方法：①按照异常处理流程处置，通知运维人员现场检查；②跟踪现场检查结果及处理进度，做好相关记录和沟通汇报。

10. 智能组件柜温度异常

信息释义：智能组件柜温度过高或过低。

常见原因分析：环境温度变化或温度采集装置异常。

后果及危险点：可能影响智能组件柜柜内设备正常运行以及使用年限。增加智能组件柜柜内设备故障率。

一般处置方法：①按照异常处理流程处置，通知运维人员现场检查；②核实现场检查结果；③跟踪现场检查结果及处理进度，做好相关记录和沟通汇报。

11. 智能组件柜温湿度控制设备故障

信息释义：智能组件柜温湿度控制器设备无法正常工作。

常见原因分析：智能组件柜温湿度控制器设备故障或设备供电电源消失。

后果及危险点：无法正确调整智能组件柜温湿度。可能影响智能组件柜柜内设备正常运行以及使用年限。

一般处置方法：①按照异常处理流程处置，通知运维人员现场检查；②核实现场检查结果；③跟踪现场检查结果及处理进度，做好相关记录和沟通汇报。

12. 远动装置故障

信息释义：远动装置软硬件损坏或由于装置断电导致无法正常工作。

常见原因分析：①装置程序出错导致自检、巡检异常；②装置插件损坏；③装置失电。

后果及危险点：该远动装置失去“四遥”功能。若所有远动故障，会导致全站失去监控。

一般处置方法：①按照异常处理流程处置，通知运维人员现场检查；②与运维人员核实现场检查情况；③若全部远动出现问题，应立即将整站监控职责移交站端；④跟踪现场检查结果及处理进度，做好相关记录和沟通汇报。

13. 相量测量装置故障

信息释义：相量测量装置软硬件损坏或由于装置断电导致无法正常工作。

常见原因分析：①装置程序出错导致自检、巡检异常；②装置插件损坏；③装置失电。

后果及危险点：相量信息无法正常上送。

一般处置方法：①按照异常处理流程处置，通知运维人员现场检查；②与运维人员核实现场检查情况；③跟踪现场检查结果及处理进度，做好相关记录和沟通汇报。

14. 相量测量装置异常

信息释义：当装置出现异常情况时，发出告警信息，部分功能可能受到影响。

常见原因分析：装置程序自检、巡检异常。

后果及危险点：相量信息可能无法正常上送。

一般处置方法：①按照异常处理流程处置，通知运维人员现场检查；②与运维人员核实现场检查情况；③跟踪现场检查结果及处理进度，做好相关记录和沟通汇报。

15. 时间同步装置故障

信息释义：时间同步装置软硬件损坏或由于装置断电导致无法正常工作。

常见原因分析：①装置程序出错导致自检、巡检异常；②装置插件损坏；③装置失电；④装置失去全部对时源。

后果及危险点：对时丢失，将影响就地事件（SOE）的时标精确性。

一般处置方法：①按照异常处理流程处置，通知运维人员现场检查；②与运维人员核实现场检查情况；③跟踪现场检查结果及处理进度，做好相关记录和沟通汇报。

16. 时间同步装置异常

信息释义：当装置出现异常情况时，发出告警信息，部分功能可能受到影响。

常见原因分析：①装置外部对时源全部异常，如北斗、GPS 天线失去信号源，对时线松动；②装置内部模块故障、内部通信异常；③装置电源异常。

后果及危险点：时间同步装置运行可靠性低。

一般处置方法：①按照异常处理流程处置，通知运维人员现场检查；②与运维人员核实现场检查情况；③跟踪现场检查结果及处理进度，做好相关记录和沟通汇报。

17. 时间同步装置失步

信息释义：当装置出现失步情况时，发出告警信息，部分功能可能受到影响。

常见原因分析：①装置外部对时源异常；②装置内部模块故障、内部通信异常。

后果及危险点：时间同步装置运行可靠性低。

一般处置方法：①按照异常处理流程处置，通知运维人员现场检查；②与运维人员核实现场检查情况；③跟踪现场检查结果及处理进度，做好相关记录和沟通汇报。

18. 时间同步装置扩展时钟故障

信息释义：时间同步装置扩展时钟装置软硬件损坏或由于装置断电导致无法正常工作。

常见原因分析：①装置程序出错导致自检、巡检异常；②装置插件损坏；③装置失电。

后果及危险点：可能影响装置输出对时信号准确性。

一般处置方法：①按照异常处理流程处置，通知运维人员现场检查；②与运维人员核实现场检查情况；③跟踪现场检查结果及处理进度，做好相关记录和沟通汇报。

19. 时间同步装置扩展时钟异常

信息释义：当装置出现异常情况时，发出告警信息，部分功能可能受到影响。

常见原因分析：①装置外部对时源异常；②装置内部模块故障、内部通信异常；③装置电源异常。

后果及危险点：时间同步装置扩展时钟部分功能失效。

一般处置方法：①按照异常处理流程处置，通知运维人员现场检查；②与运维人员核实现场检查情况；③跟踪现场检查结果及处理进度，做好相关记录和沟通汇报。

20. 时间同步装置扩展时钟失步

信息释义：当装置出现失步情况时，发出告警信息，部分功能可能受到影响。

常见原因分析：①装置外部对时源全部异常；②装置内部模块故障、内部通信异常。

后果及危险点：影响站端装置对时，影响报文时标。

一般处置方法：①按照异常处理流程处置，通知运维人员现场检查；②与运维人员核实现场检查情况；③跟踪现场检查结果及处理进度，做好相关记录和沟通汇报。

21. 过程层交换机故障

信息释义：过程层交换机软硬件损坏或由于装置断电导致无法正常工作。

常见原因分析：①交换机程序出错导致自检、巡检异常；②交换机插件损坏；③交换机失电。

后果及危险点：交换机设备无法正常工作，影响站内过程层数据交互。可能造成保护误动或拒动，影响部分遥测、遥信、遥控功能。

一般处置方法：①按照异常处理流程处置，通知运维人员现场检查；②与运维人员核实受影响保护装置；③跟踪现场检查结果及处理进度，做好相关记录和沟通汇报。

22. 站控层交换机故障

信息释义：站控层交换机软硬件损坏或由于装置断电导致无法正常工作。

常见原因分析：①交换机程序出错导致自检、巡检异常；②交换机插件损坏；③交换机失电。

后果及危险点：交换机设备无法正常工作，影响站内过程层数据交互。可能造成保护误动或拒动，影响部分遥测、遥信、遥控功能。

一般处置方法：①按照异常处理流程处置，通知运维人员现场检查；②与运维人员核实受影响保护装置；③跟踪现场检查结果及处理进度，做好相关记录和沟通汇报。

23. 故障录波装置故障

信息释义：故障录波器装置软硬件损坏或由于装置断电导致无法正常工作。

常见原因分析：①装置程序出错导致自检、巡检异常；②装置插件损坏；③装置失电。

后果及危险点：故障录波器将失去对故障间隔的记录作用。

一般处置方法：①按照异常处理流程处置，通知运维人员现场检查；②与运维人员核实现场检查情况；③跟踪现场检查结果及处理进度，做好相关记录和沟通汇报。

24. 故障录波装置异常

信息释义：当装置出现异常情况时，发出告警信息，部分功能可能受到影响。

常见原因分析：装置内部通信出错，自检、巡检异常等。

后果及危险点：故障录波器可能失去对故障间隔的记录作用。

一般处置方法：①按照异常处理流程处置，通知运维人员现场检查；②与运维人员核实现场检查情况；③跟踪现场检查结果及处理进度，做好相关记录和沟通汇报。

25．网络分析装置故障

信息释义：网络分析装置软硬件损坏或由于装置断电导致无法正常工作。

常见原因分析：①装置程序出错导致自检、巡检异常；②装置插件损坏；③装置失电。

后果及危险点：网络分析装置将失去对故障间隔的记录作用。

一般处置方法：①按照异常处理流程处置，通知运维人员现场检查；②与运维人员核实现场检查情况；③跟踪现场检查结果及处理进度，做好相关记录和沟通汇报。

26．网络分析装置异常

信息释义：当网络分析装置内部故障或系统异常等将发此信号。

常见原因分析：内部故障、插件损坏、硬盘损坏、内部通信故障发异常信号。

后果及后果：网络分析装置可能失去对故障间隔的记录作用。

一般处置方法：①按照异常处理流程处置，通知运维人员现场检查；②与运维人员核实现场检查情况；③跟踪现场检查结果及处理进度，做好相关记录和沟通汇报。

27．数据传输通道中断

信息释义：站端网关机至主站前置数据传输出现异常或中断。

常见原因分析：站端交换机故障、站端纵向加密装置故障、主站交换机故障、主站纵向加密装置故障、站端网关机故障或网线损坏、主站前置服务器异常、数据传输通道光纤异常等。

后果及危险点：全部数据传输通道中断，将导致变电站数据无法上送至主站。导致变电站失去监控，故障和异常情况无法及时获知并处置，可能造成故障范围扩大或设备损坏。

一般处置方法：①通知主站运维等相关人员检查；②若全部数据传输通道中断，应立即通知运维人员到站，并将整站监控职责移交至站端；③跟踪现场检查结果及处理进度，做好相关记录。④恢复正常后，将全站监控职责收回。

第三节 辅助设备（设施）典型监控信息释义及处置

一、安防系统典型信息

1．安全防范装置故障

信息释义：监视安全防范装置运行状态，安全防范装置故障或失电后发出该信息。

常见原因分析：①安全防范装置内部故障或异常；②安全防范装置总电源跳闸、失电。

后果及危险点：无法正常布防。可能导致失去安防告警，对站内设备及人员安全产生威胁。

一般处置方法：①通知运维人员到站检查；②与运维人员核实现场检查情况，必要时将安防监控职责移交至站端；③跟踪现场检查结果及处理进度，做好相关记录和沟通汇报。

2. 安全防范总告警

信息释义：安全防范装置监测到有入侵情况时发出该信号。

常见原因分析：①有可疑人员或小动物入侵变电站；②因异物搭接引起。

后果及危险点：非法入侵。对站内设备及人员安全产生威胁。

一般处置方法：①通知运维人员到站检查；②与运维人员核实现场检查情况；③跟踪现场检查结果及处理进度，做好相关记录和沟通汇报。

3. 电子围栏防区工作状态（布防、撤防）

信息释义：反映电子围栏主机布防、撤防工作状态。

常见原因分析：①人为手动或自动对电子围栏相应防区进行布防、撤防；②装置出现异常。

后果及危险点：若因装置异常导致的信息与实际状态不符，造成误判断，可能导致入侵不能及时发现，对站内设备及人员安全产生威胁。

一般处置方法：结合巡视现场检查电子围栏主机状态是否正常。

4. 电子围栏防区告警

信息释义：电子围栏主机监测到相应防区有入侵情况时发出该信号。

常见原因分析：①有可疑人员或小动作入侵变电站；②因异物搭接引起；③因大风天气，正负高压线搭接；④围栏断线。

后果及危险点：非法入侵。对站内设备及人员安全产生威胁。

一般处置方法：①通知运维人员到站检查；②与运维人员核实现场检查情况；③跟踪现场检查结果及处理进度，做好相关记录和沟通汇报。

5. 电子围栏设备（控制器）故障

信息释义：监视电子围栏设备（控制器）运行状态，设备故障或失电后发出该信息。

常见原因分析：①设备失去电源；②电子围栏主机设备（控制器）内部故障或异常。

后果及危险点：电子围栏无法正常布防。可能导致失去安防告警，对站内设备及人员安全产生威胁。

一般处置方法：①通知运维人员到站检查；②与运维人员核实现场检查情况，必要时将安防监控职责移交至站端；③跟踪现场检查结果及处理进度，做好相关记录和沟通汇报。

6. 电子围栏控制器电源故障

信息释义：电子围栏控制器失去电源。

常见原因分析：①电子围栏控制器内部故障；②电子围栏控制器电源自动空气开关掉闸。

后果及危险点：电子围栏无法正常布防。可能导致失去安防告警，对站内设备及人员安全产生威胁。

一般处置方法：①通知运维人员到站检查；②与运维人员核实现场检查情况，必要时将安防监控职责移交至站端；③跟踪现场检查结果及处理进度，做好相关记录和沟通汇报。

7. 电子围栏控制器通信故障

信息释义：监视电子围栏控制器通信情况，通信中断时发出该信号。

常见原因分析：①电子围栏主机通信线断路、短路；②电子围栏主机通信线电压值异常。

后果及危险点：无法正常告警。可能导致失去安防告警，对站内设备及人员安全产生威胁。

一般处置方法：①通知运维人员到站检查；②与运维人员核实现场检查情况，必要时将安防监控职责移交至站端；③跟踪现场检查结果及处理进度，做好相关记录和沟通汇报。

8. 红外对射入侵告警

信息释义：红外对射探测器监测到有入侵情况时发出该信号。

常见原因分析：①有异物通过红外对射探测器相应防区；②红外对射探测器基础偏移；③红外对射探测器外罩脏污。

后果及危险点：非法入侵。对站内设备及人员安全产生威胁。

一般处置方法：①通知运维人员到站检查；②与运维人员核实现场检查情况；③跟踪现场检查结果及处理进度，做好相关记录和沟通汇报。

9. 红外对射防拆告警

信息释义：红外对射探测器防拆断路器动作时发出该信号。

常见原因分析：红外对射探测器外罩盒盖被开启。

后果及危险点：无法正常监视相应防区。可能导致失去安防告警，对站内设备及人员安全产生威胁。

一般处置方法：①通知运维人员到站检查；②与运维人员核实现场检查情况，必要时将安防监控职责移交至站端；③跟踪现场检查结果及处理进度，做好相关记录和沟通汇报。

10. 红外对射故障

信息释义：监视红外对射运行状态，装置故障或失电后发出该信息。

常见原因分析：①装置失去电源；②红外对射装置出现故障或异常。

后果及危险点：无法正常监视相应防区。可能导致失去安防告警，对站内设备及人员安全产生威胁。

一般处置方法：①通知运维人员到站检查；②与运维人员核实现场检查情况，必要时将安防监控职责移交至站端；③跟踪现场检查结果及处理进度，做好相关记录和沟通汇报。

11. 红外对射电源故障

信息释义：红外对射电源失电。

常见原因分析：①红外对射电源配线断路、短路；②红外对射电源自动空气开关掉闸。

后果及危险点：无法正常监视相应防区。可能导致失去安防告警，对站内设备及人员安全产生威胁。

一般处置方法：①通知运维人员到站检查；②与运维人员核实现场检查情况，必要时将安防监控职责移交至站端；③跟踪现场检查结果及处理进度，做好相关记录和沟通汇报。

二、消防系统典型信息

1. 消防装置故障

信息释义：消防火灾告警装置或者火灾探测器、火灾显示盘、输入/输出模块等外控设备出现故障，发出告警信息。

常见原因分析：①主、备电源故障；②装置板件损坏；③火灾探测器、输入/输出模块、火灾显示盘等外控设备故障。

后果及危险点：无法正常发出火灾报警信号。站内火灾情况失去监视。

一般处置方法：①通知运维人员到站检查；②将消防火灾监控职责移交至站端；③跟踪现场检查结果及处理进度，做好相关记录和沟通汇报。

2. 消防火灾总告警

信息释义：站内消防探测器、感温电缆、光栅光纤感温设备、吸气式感烟设备、手动报警模块等消防报警设备因感受到烟雾、高温或者人工手动触发火灾总告警信号。

常见原因分析：①站内发生火灾；②消防探头等探测设备损坏导致误发；③室内动火作业未做防烟措施。

后果及危险点：发生火灾。危害站内人身及设备安全。

一般处置方法：①通知运维人员到站检查；②若现场无法手动复归，应将消防火灾监控职责移交至站端；③跟踪现场检查结果及处理进度，做好相关记录和沟通汇报。

3. 排油注氮系统运行状态（手动/自动）

信息释义：排油注氮灭火系统的运行状态显示，当置于自动状态时满足启动条件后会自动启动灭火，当置于手动状态时，需要人工触发后才能启动灭火。正常情况下，系统运行时应置于自动状态，当主变检修或者设备故障时应按照运行规程将系统置于手动状态。

常见原因分析：表示排油注氮系统的运行状态，根据实际状态显示手动或自动。

后果及危险点：若因装置异常导致的信息与实际状态不符，造成误判断，可能造成排油注氮装置在火灾时不能可靠动作，对站内设备及人员安全产生威胁。

一般处置方法：监视状态变化，确认状态变化是否正常，若状态切换异常应立即通知运维人员到站检查。

4. 报警探测器火灾告警

信息释义：变压器发生火灾或者变压器顶部温度过高，超过火灾探测器的动作温度限值后导致探测器动作，发出火灾报警。主变探测器应分为独立的两路，分别为1号报警探测器，2号报警探测器。

常见原因分析：①火灾探测器接线盒内元器件故障、探测器损坏或者因凝露渗水等原因造成接线短路，误发报警；②变压器发生火灾，探测器正确动作。

后果及危险点：发生火灾。危害站内人身及设备安全。

一般处置方法：①通知运维人员到站检查；②若现场无法手动复归，应将相应消防火灾监控职责移交至站端；③跟踪现场检查结果及处理进度，做好相关记录和沟通汇报。

5. 排油注氮装置故障

信息释义：变压器排油注氮装置失电或故障，发出报警信号。

常见原因分析：①装置组部件故障；②装置失去电源。

后果及危险点：排油注氮系统无法正常启动。变压器发生火灾时，无法及时动作灭火。

一般处置方法：①通知运维人员到站检查；②核实现场检查结果；③跟踪现场检查结果及处理进度，做好相关记录和沟通汇报。

6. 排油注氮装置失电

信息释义：排油注氮装置失去电源，发出报警信号。

常见原因分析：①装置电源或上级电源失去；②装置电源件出现故障。

后果及危险点：排油注氮系统无法正常启动。变压器发生火灾时，无法及时动作灭火。

一般处置方法：①通知运维人员到站检查；②核实现场检查结果；③跟踪现场检查结果及处理进度，做好相关记录和沟通汇报。

7. 氮气瓶压力低告警

信息释义：氮气瓶压力表示数下降至下限值触发告警。

常见原因分析：①电接点压力表故障误报警；②氮气瓶因漏气导致氮气不足；③环境温度下降引起压力变化。

后果及危险点：氮气瓶压力不足，动作注氮时动力源不足影响灭火效能。变压器着火后不能有效灭火，可能造成设备严重损坏。

一般处置方法：①通知运维人员到站检查；②核实现场实际压力；③跟踪现场检查结果及处理进度，做好相关记录和沟通汇报。

8. 节流阀关闭

信息释义：排油注氮系统节流阀关闭动作反馈。节流阀装设在主变油枕与本体气体继电器之间，当排油注氮系统动作后，节流阀应关闭保证油枕内的油不再流入变压器。正常运行时节流阀应在打开状态。

常见原因分析：①变压器发生火灾，系统启动消防；②节流阀接线盒因凝露渗水等原因导致接线柱短接，误发报警；③信号线缆线芯绝缘不良导致误发。

后果及危险点：节流阀关闭，阻隔油枕补油。如果节流阀非消防启动关闭，会切断补油通路，变压器有跳闸风险。

一般处置方法：①通知运维人员到站检查；②核实排油注氮系统有无动作信号，主变有无火情；③核实节流阀实际状态；④跟踪现场检查结果及处理进度，做好相关记录和沟通汇报。

9. 注氮阀开启

信息释义：排油注氮系统注氮阀打开状态反馈。在排油注氮系统动作后经延时开启注氮阀。

常见原因分析：①变压器发生火灾，系统满足自动启动条件；②装置误动作。

后果及危险点：注氮阀打开，从变压器底部注入氮气。如果是误动作，会造成变压器跳闸。

一般处置方法：①通知运维人员到站检查；②核实现场是否有火情；③核实注氮阀实际状态；④跟踪现场检查结果及处理进度，做好相关记录和沟通汇报。

10. 排油阀开启

信息释义：排油注氮系统排油阀打开状态反馈。在排油注氮系统动作后开启排油阀排油。

常见原因分析：①变压器发生火灾，系统满足自动启动条件；②装置误动作。

后果及危险点：排油阀打开，变压器排油。如果是误动作，会造成变压器故障跳闸。

一般处置方法：①通知运维人员到站检查；②核实现场是否有火情；③核实排油阀实际状态；④跟踪现场检查结果及处理进度，做好相关记录和沟通汇报。

11. 排油阀漏油报警

信息释义：排油注氮系统排油阀漏油反馈。

常见原因分析：排油阀密封不严，发生渗漏油情况。

后果及危险点：造成变压器油持续渗漏。如果排油阀渗漏严重，造成油枕油位下降危及变压器运行。

一般处置方法：①通知运维人员到站检查；②核实现场实际情况；③加强对变压器油温、油位信号的监视；④跟踪现场检查结果及处理进度，做好相关记录和沟通汇报。

12. 泡沫喷雾系统运行状态（手动/自动）

信息释义：泡沫喷雾灭火系统的运行状态显示，当置于自动状态时满足启动条件后会自动启动灭火，当置于手动状态时，需要人工触发后才能启动灭火。正常情况下，系统运行时应置于自动状态，当主变检修或者设备故障的时应按照运行规程将系统置于手动状态。

常见原因分析：表示泡沫喷雾系统的运行状态，根据实际状态显示手动或自动。

后果及危险点：无。若因装置异常导致的信息与实际状态不符，造成误判断，可能造成泡沫喷雾系统在火灾时不能可靠动作，对站内设备及人员安全产生威胁。

一般处置方法：监视状态变化，确认状态变化是否正常，若状态切换异常应立即通知运维人员到站检查。

13. 感温电缆火灾告警

信息释义：变压器发生火灾或者变压器顶部温度过高，超过感温电缆的动作温度限值后，发出火灾报警。感温电缆应敷设独立的两路，分别为1号感温电缆，2号感温电缆。

常见原因分析：①感温电缆接线盒内元器件故障、感温电缆损坏或者因凝露渗水等原因造成接线短路，误发报警；②变压器发生火灾，感温电缆正确动作。

后果及危险点：发生火灾。危害站内人身及设备安全。

一般处置方法：①通知运维人员到站检查；②若现场无法手动复归，应将相应消防火灾监控职责移交至站端；③跟踪现场检查结果及处理进度，做好相关记录和沟通汇报。

14. 泡沫喷雾装置故障

信息释义：变压器泡沫喷雾装置故障或失电，发出报警信号。

常见原因分析：①装置组部件故障；②装置失去电源。

后果及危险点：泡沫喷雾系统无法正常启动。变压器发生火灾时，无法及时动作灭火。

一般处置方法：①通知运维人员到站检查；②核实现场检查结果；③跟踪现场检查结果及处理进度，做好相关记录和沟通汇报。

15. 泡沫喷雾装置失电

信息释义：泡沫喷雾装置失去电源，发出报警信号。

常见原因分析：①装置电源或上级电源失去；②装置电源件出现故障。

后果及危险点：泡沫喷雾系统无法正常启动。变压器发生火灾时，无法及时动作灭火。

一般处置方法：①通知运维人员到站检查；②核实现场检查结果；③跟踪现场检查结果及处理进度，做好相关记录和沟通汇报。

16. 泡沫喷雾装置动作

信息释义：泡沫喷雾系统满足动作条件后，开启泡沫分区阀以及氮气动力瓶。一般动作条件为主变各侧断路器分位以及双感温电缆均发火灾报警。

常见原因分析：①主变发生火灾，主变断路器跳闸；②系统误动。

后果及危险点：消防泡沫喷洒至变压器灭火。可能会导致变压器损坏。

一般处置方法：①通知运维人员到站检查；②核实现场是否有火情；③核实分区阀、启动瓶组实际状态；④跟踪现场检查结果及处理进度，做好相关记录和沟通汇报。

17. 水喷雾系统运行状态（手动/自动）

信息释义：水喷雾灭火系统的运行状态显示，当置于自动状态时满足启动条件后会自动启动灭火；当置于手动状态时，需要人工触发后才能启动灭火。正常情况下，系统运行时应置于自动状态，当主变检修或者设备故障的时应按照运行规程将系统置于手动状态。

常见原因分析：表示水喷雾系统的运行状态，根据实际状态显示手动或自动。

后果及危险点：若因装置异常导致的信息与实际状态不符，造成误判断，可能造成水喷雾系统在火灾时不能可靠动作，对站内设备及人员安全产生威胁。

一般处置方法：监视状态变化，确认状态变化是否正常，若状态切换异常应立即通知运维人员到站检查。

18. 感温电缆火灾告警

信息释义：变压器发生火灾或者变压器顶部温度过高，超过感温电缆的动作温度限值后，发出火灾报警。感温电缆应敷设独立的两路，分别为 1 号感温电缆，2 号感温电缆。

常见原因分析：①感温电缆接线盒内元器件故障、感温电缆损坏或者因凝露渗水等原因造成接线短路，误发报警；②变压器发生火灾，感温电缆正确动作。

后果及危险点：发生火灾。危害站内人身及设备安全。

一般处置方法：①通知运维人员到站检查；②若现场无法手动复归，应将相应消防火灾监控职责移交至站端；③跟踪现场检查结果及处理进度，做好相关记录和沟通汇报。

19. 水喷雾装置故障

信息释义：变压器水喷雾装置故障或失电，发出报警信号。

常见原因分析：①装置组部件故障；②装置失去电源。

后果及危险点：水喷雾系统无法正常启动。变压器发生火灾时，无法及时动作灭火。

一般处置方法：①通知运维人员到站检查；②核实现场检查结果；③跟踪现场检查结果及处理进度，做好相关记录和沟通汇报。

20. 水喷雾装置失电

信息释义：水喷雾装置失去电源，发出报警信号。

常见原因分析：①装置电源或上级电源失去；②装置电源件出现故障。

后果及危险点：水喷雾系统无法正常启动。变压器发生火灾时，无法及时动作灭火。

一般处置方法：①通知运维人员到站检查；①核实现场检查结果；③跟踪现场检查结果及处理进度，做好相关记录和沟通汇报。

21. 水喷雾管网压力低告警

信息释义：水喷雾系统管网电接点压力表示数下降至下限值触发告警。正常状态下，水喷雾管网由稳压泵系统进行稳压，压力保持在规定范围内，一方面确保消防用水的快速性，另一方面有可能会启动消防泵。一般在消防泵和雨淋阀之间的管路需要满水稳压。

常见原因分析：①电接点压力表故障误报警；②稳压系统故障导致压力建立不足；③管网有渗漏水的情况。

后果及危险点：若管网压力低至启泵值后会直接启动消防泵。启动消防泵，可能会导

第七章　集控站集控系统管理

第一节　集控系统验收管理

一、职责分工

（1）国网设备部是集控系统专业管理部门，履行以下职责：

1）贯彻落实国家相关法律法规、行业标准及公司有关标准、规程、制度、规定；

2）组织制定公司集控系统验收相关制度、标准；

3）组织开展集控系统应用顶层设计，规划集控系统建设及应用；

4）负责指导、监督、检查、考核公司集控系统验收工作；

5）组织开展集控系统实用化运行分析。

（2）省公司设备管理部为本单位集控系统验收的归口管理部门，履行以下职责：

1）贯彻落实国家相关法律法规、行业标准及公司有关标准、规程、制度、规定；

2）负责制定本单位集控系统验收有关制度；

3）负责指导、监督、检查、考核本单位集控系统验收工作；

4）组织本单位集控系统实用化验收；

5）组织本单位集控系统实用化运行分析。

（3）中国电力科学研究院有限公司（以下简称电科院）：

1）负责协助国网设备部开展集控系统验收技术监督；

2）负责协助国网设备部开展集控系统版本管理。

（4）地市公司（超高压公司）履行以下职责：

1）贯彻落实国家相关法律法规、行业标准、公司及省公司有关标准、规程、制度、规定；

2）负责组织开展本单位集控系统工厂验收和现场验收工作并落实问题整改；

3）负责落实本单位集控系统实用化验收及问题整改；

注　本章所提及的验收资料均来自《国网设备部关于加快推进新一代变电站集中监控系统建设及实用化工作的通知》（设备监控〔2023〕26 号）。

4）负责本单位集控系统实用化运行统计分析，按期上报实用化月报。

二、通用要求

（1）集控系统应按相关标准建设，符合安全防护要求。

（2）集控系统物资采购合同签订之日起3个月内完成工厂验收及主站建设。

（3）集控系统主站建设完成并具备相关条件，方可开展现场验收。

（4）集控系统变电站信息接入进度应与变电站规模相匹配，最长不超过6个月，无法按期完成的说明情况向总部报备。

（5）全部变电站接入集控系统后方可转入3个月试运行。

（6）集控系统试运行结束后1个月内，完成自查及实用化验收。

（7）集控系统验收过程资料应保存至少两年，责任可追溯、可考核。

（8）集控系统验收实行全流程闭环管理，验收过程中发现问题应限期整改，整改完成应重新验收。

（9）各阶段验收应保证工作组成员稳定，如需更换工作组成员，应履行验收工作交接手续。

三、工厂验收

（1）集控系统工厂验收执行《新一代变电站集中监控系统工厂验收流程》主要包括工厂验收和问题整改等环节。

（2）集控系统满足相关技术规范中功能和性能要求，并通过工厂自测试，方可开展工厂验收。

（3）集控系统工厂验收内容包括：

1）设备设施：主机、网安设备、配套设施等；

2）基础平台：基础平台公共组件、基础平台支撑应用等；

3）功能应用软件：运行监视、操作与控制、操作防误、监控助手、业务管理、兼容性功能等；

4）其他：系统性能、网络安全管理、验收相关材料等。

（4）集控系统工厂验收应成立工作组，成员包括业主、设计、供应商等相关单位人员。工作组成员应熟练掌握工厂验收方案、工厂验收评价标准，按照《新一代变电站集中监控系统工厂验收标准卡》逐项验收。

（5）集控系统工厂验收应编制《新一代变电站集中监控系统工厂验收测试报告》，明确发现的问题及整改情况，给出验收结论。

（6）所有项目验收合格后方可通过集控系统工厂验收。

（7）工厂验收业主单位应保存完整的《新一代变电站集中监控系统工厂验收资料清单》。

四、现场验收

（1）集控系统现场验收执行《新一代变电站集中监控系统现场验收流程》，主要包括现场验收和问题整改等环节。集控系统具备以下条件，方可开展现场验收：

1）符合公司相关标准，并满足安全防护相关要求；

2）具备采购合同中明确的功能要求并通过工厂验收；

3）已完成主站建设，并至少接入管辖范围内的两座变电站信息；

4）现场设备清册、竣工图纸、使用说明书、合格证等资料准确齐备；

5）已完成系统自验收工作。

（2）集控系统现场验收内容包括：

1）设备设施：主机、网络、网安设备、配套设施等；

2）系统功能：基础平台、功能应用、人机界面等；

3）系统性能：基础平台性能指标、功能应用性能指标和系统稳定性等；

4）安全验证：系统权限管理、安全审计、上线前安全测评报告等；

5）站端接入：变电站的遥信、遥测信号和遥控（遥调）命令等。

（3）集控系统现场验收应成立工作组，成员包括变电监控、变电运维、主站系统运维、信息通信、网络安全等专业人员。工作组成员应熟练掌握现场验收方案、现场验收评价标准，按照《新一代变电站集中监控系统现场验收标准卡》逐项验收。

（4）集控系统现场验收过程中，应保证系统设备设施安全，防止误操作，不得影响变电站正常运行；若发生设备故障或集控系统重大异常，应立即停止相关工作，故障或异常处置完成后，方可继续。

（5）集控系统现场验收应编制《新一代变电站集中监控系统现场验收测试报告》和《新一代变电站集中监控系统现场验收总结报告》，明确发现的问题及整改情况，给出验收结论。

（6）所有否决项和90%以上标准项均验收合格后方可通过集控系统现场验收。

五、实用化验收

（1）集控系统实用化验收执行《新一代变电站集中监控系统实用化验收流程》，主要包括系统试运行、实用化现场验收和问题整改等环节。

（2）集控系统试运行，应落实以下要求：

1）集控系统应按运行设备管理，执行运行管理制度和工作流程；

2）集控系统发生重大故障，如集控系统全停、主服务器停运、实时监控功能丧失等，应在故障处置完成后，适当延长试运行；

3）各单位按期上报《新一代变电站集中监控系统实用化月报》。

（3）集控系统试运行结束后，地市公司（超高压公司）设备管理部门组织开展实用化自查，满足下列条件后方可提交实用化验收申请。

1）集控系统运行正常，无严重及以上缺陷；

2）集控系统运维保障机制已经建立，系统运维人员数量与能力满足运行维护要求；

3）集控系统完成管辖范围内的变电站主辅设备信息接入，且具备连续运行 3 个月及以上的完整运行记录。

（4）集控系统实用化验收内容包括：

1）主站部分：主设备数据采集、辅助设备数据采集、实时监控、设备模型、系统性能指标、机房与配套设施等；

2）安全防护部分：等级保护测评、集控系统安全防护、集控系统网安接入率等；

3）人员技能考核：监控人员、集控系统运维人员技能考核等。

（5）集控系统实用化验收应成立工作组，成员包含变电监控、变电运维、主站系统运维、信息通信、网络安全等专业人员，工作组成员应熟练掌握实用化验收方案、实用化验收评分标准，按照《新一代变电站集中监控系统实用化验收标准卡》逐项打分。

（6）集控系统实用化验收资料应准确齐备，包括但不限于下列内容：

1）集控系统实用化的申请与批复文件；

2）自查报告，包括集控系统实用化自验收评分表和报告等；

3）运行记录，包括集控系统实用化月报、运行值班记录等；

4）工作报告，对集控系统实用化工作的全过程和成果进行综述；

5）技术报告，对集控系统功能、技术特色和实现方式进行阐述。

（7）集控系统实用化验收应保证设备、设施安全，防止误操作，不得影响变电站正常运行；若发生设备故障或集控系统重大异常，应立即停止相关工作，故障或异常处置完成后，方可继续。

（8）集控系统实用化验收采用评分考核方式。

1）实用化验收标准卡中“项目*”为集控系统实用化必备项，该项得分低于 70%，则为零分；

2）集控系统实用化验收基础部分得分不低于 90 分可通过实用化验收。

（9）集控系统实用化验收通过后，各单位应立即将集控系统监视业务切入主运行。

（10）集控系统实用验收应编制《新一代变电站集中监控系统实用化验收测试报告》《新一代变电站集中监控系统实用化验收资料核查报告》《新一代变电站集中监控系统实用化验收总结报告》等。

六、补充部分

（一）集控系统主站端验收管理要求

（1）存量站信息接入、新站信息接入、设备建模、图形生成、信息验收等内容。

（11）遥调以调度端实际操作的方式进行。遥调主变挡位时，运行人员监视主变挡位变化，发现滑挡时现场立即紧急制动，待查清原因后再开展下一步工作。

（12）监控员在进行遥控测试时，必须双人异机原则，不可单人双机或者单人单机遥控。

（13）监控班将全站核对结果形成报告，并签字留档。

（五）验收注意事项

（1）遥控操作前仔细核对遥控表一致性，操作人员应了解操作类型，熟悉操作流程。

（2）遥控操作实行异机、双人监护（验证）模式，须进行操作员、监护人权限设置；遥控操作并能正确区分间隔名称、编号和操作目的。

（3）遥控测试前仔细检查，应在测试窗口下进行，严禁在遥控操作目录下进行遥控测试。

（六）验收相关记录

（1）变电站巡视记录（已接入新一代集控系统变电站）。

（2）变电站验收记录。

（3）变电站监控信息点表。

（4）接入验收申请单。

（5）功能验收记录。

（七）验收依据

国网设备部关于印发新一代集控站设备监控系统系列规范（2022 版试行）的通知内容：

（1）新一代集控站设备监控系统系列规范　第 1 部分：总体设计（2022 版试行）；

（2）新一代集控站设备监控系统系列规范　第 2 部分：数据规范（2022 版试行）；

（3）新一代集控站设备监控系统系列规范　第 3 部分：模型规范（2022 版试行）；

（4）新一代集控站设备监控系统系列规范　第 4 部分：基础平台（2022 版试行）；

（5）新一代集控站设备监控系统系列规范　第 5 部分：功能应用（2022 版试行）；

（6）新一代集控站设备监控系统系列规范　第 6 部分：人机界面（2022 版试行）；

（7）新一代集控站设备监控系统系列规范　第 8 部分：远程智能巡视集中监控系统（2022 版试行）；

（8）新一代集控站设备监控系统系列规范　第 9 部分：电网资源业务中台交互（2022 版试行）。

第二节　集控系统运行管理

一、运行维护

集控系统运行维护应坚持“分级管控、权限分离、双重验证”原则，做到全面覆盖、突出重点，加强“关键人员、关键设备、关键操作”的风险管控。

（一）运行维护通用要求

1. 运维人员

（1）按系统权限建立权责分立、操作制衡的管控机制。集控主站运维应根据管理对象分别设立系统管理员，包括网络管理员、数据库管理员和安全管理员。网络管理员负责网络运维管理，数据库管理员负责各类数据库统一管理，安全管理员负责安全配置管理。

（2）集控主站运维人员按承担业务的重要程度分为核心运维人员、日常运维人员和临时运维人员。核心运维人员应为公司正式员工，负责关键设备设施、数据库、基础平台、实时监控、自动控制等软硬件运维工作。日常运维人员为负责非关键设备软硬件运维工作的人员。临时运维人员为开展系统升级、消缺、临检等非常态化维护工作的人员。

（3）核心和日常运维人员应定期接受安全、运行、保密管理制度和相关技能的培训，经考核合格后方可上岗。临时运维人员应具备主业单位认可的运维资质，通过安规和现场安全管理制度培训，考核合格后方可参与运维工作。

（4）运检部门应加强运维人员准入管理。组织运维单位和个人分别签订保密协议和安全承诺书，严防社会工程学攻击。

2. 运维场所

（1）集控系统机房所处建筑应当采取有效防水、防潮、防火、防静电、防雷击、防盗窃、防破坏措施，应当配置电子门禁和视频监控系统以加强物理访问控制，实行封闭化管理，鉴别和记录所有出入人员，必要时应当安排专人值守。

（2）集控系统机房和电源室内的温度、相对湿度应满足设备的使用要求，温度控制在15～28℃，相对湿度控制在 40%～55%。UPS 主机运行环境、系统技术指标等应满足GB/T 14715—2017《信息技术设备用不间断电源通用规范》和 Q/GDW 1918—2013《电力调度自动化主站系统 UPS 电源及配电系统技术规范》要求。

（3）集控系统专用运维场地应通过部署堡垒机等技术手段，建立“事前授权、事中监管、事后审计”的安全管控机制，实现运维行为的全过程管控。专用运维场地应按照安全分区布置相应的运维终端，并设置明显标识。严禁未经过检测和授权的外部设备接入集控系统网络，应配备专用的运维调试终端和移动存储介质，并加强恶意代码防护措施。

（4）运维工作原则上应在专用运维场地开展，并对运维行为实施全面管控和审计。运维人员进入专用运维场地和机房，应按照工作票指定的工作范围和时间取得门禁授权，工作期间应保持出入门禁关闭状态。

3. 人员权限

（1）集控系统人员权限的管理应遵循实名制和最小化原则，严格履行审批手续，合理配置角色、权限和有效期。

(2) 系统管理员应建立核心运维人员和日常运维人员的长期用户账号，根据运维需要分配长期权限、设置合理授权终端，及时清理离（调）岗人员账号。

(3) 系统管理员应按照工作票内容严格分配临时运维人员的临时账号、权限和时效，遵循“一人一事一账号”原则，完工后及时收回临时账号。

4. 运维操作

(1) 运维操作分类。集控系统主站运维操作分为计划检修、临时检修和故障抢修三类。

1）计划检修是指有计划的运维检修工作，可分为月度计划检修、年度计划检修等，例如系统升级工作、新功能上线工作等。

2）临时检修是指系统和设备发生重大缺陷和隐患等，必须及时处理的运维操作。

3）故障抢修是指系统和设备发生危急缺陷和隐患等，必须立即处置的运维操作。

(2) 运维操作分级。集控主站运维操作依据可能造成的安全风险，按照关键、重要和一般三个级别实行分级管控。

1）关键运维操作是指可能造成影响系统运行严重后果的操作。例如，集控系统SCADA、FES等功能失效，严重影响监控功能；安全防护功能整体失效或重要功能失效；数据泄漏、丢失或被窃取篡改等重大事件；不间断电源或环境调节系统异常停运。

2）重要运维操作是指改变集控系统软硬件运行状态，从而可能导致系统运行异常、影响事故处理或延误送电的操作。

3）一般运维操作是指关键、重要运维操作以外的其他运维操作。

(3) 运维操作要求。

1）应根据集控系统实际情况，建立主站运维操作分级清单。清单至少包含关键和重要运维操作，如对关键设备、基础平台、商用数据库、应用软件等运维操作等（见《新一代集控站设备监控系统运维操作分级原则清单》）。

2）关键和重要的运维操作应严格安全管控，按照工作票、标准化作业指导书相关要求执行。运维检修中心应组织制定工作方案，其中涉及关键运维操作的工作方案应由运检部审定。

3）运检部应结合具体情况，编制运维操作标准化作业指导书，规范各类运维操作行为。

4）运检部宜建立测试环境，模拟验证运维操作，评估影响及风险，优化工作方案。

5）关键和重要运维应执行工作票制度，关键操作工作负责人由集控系统运维负责人或其授权的集控系统运维人员担任。

6）关键和重要运维严格执行操作监护、双重验证，工作负责人应到现场并全程负责组织实施。

7）应急处置时，集控系统运维负责人可临时授权现场人员实施操作，并做好记录。

8）建立运维行为事后评估机制，定期开展运维分析，对运维人员工作成效进行评价考核。

9）集控系统运维人员和值班人员应严格执行相关的运行管理制度，在处理集控系统故障、进行重要测试或操作时，不宜进行运行值班人员交接班。

10）集控系统的运维工作应按《国家电网公司电力安全工作规程（电力监控部分）》（国家电网安质[2018]396号）规定要求执行。可能对监控业务造成影响的，应由集控系统运维人员提前通知监控员，并按照设备检修流程处理。

11）计划检修的运维工作，应提前3个工作日由集控系统运维负责人办理检修申请，经运检部批准后方可进行工作。

12）临时检修的运维工作，应提前 3 个工作日由集控系统运维负责人办理检修申请，经集控系统管辖部门领导批准后实施。遇到特殊情况可先行实施，处理完毕后需补报检修流程。

13）故障抢修工作可不填报检修流程，抢修工作完毕后编制抢修报告，并提报集控系统管辖部门留存。

（4）运维操作流程。

1）图模维护流程。①集控系统自动化专职人员运维负责人收到监控信息调试稿后，派发信息录入任务单，交由运维人员维护；②图模维护工作完毕后，运维人员向监控值班员汇报工作完成；③录入过程中发现信息有误，及时汇报运维负责人，由运维负责人向监控班长或监控专职核对整改；④开展运维工作时，运维人员应持票工作，根据工作票或操作票的时间、内容进行运维，严禁私自扩大工作范围；⑤运维人员的工作必须使用堡垒机或专用调试终端运维。

2）缺陷处理流程。本流程适用于集控系统缺陷的处理，具体流程如下：

a．值班员（监控、系统运维）发现缺陷后均可发起缺陷处理流程，并将缺陷提交至集控系统运维负责人（自动化专职/班长）。

b．集控系统运维负责人（自动化专职/班长）判定缺陷内容是否为集控系统缺陷；非主站系统缺陷，反馈至值班员（监控、系统运维）；判断为集控系统缺陷，集控系统运维负责人安排系统运维人员处理。集控系统运维负责人（自动化专职/班长）向监控班长反馈缺陷情况，并根据缺陷等级向集控系统分管领导汇报。

c．值班员（监控、系统运维）收到非系统缺陷反馈后，向运检人员提交厂站缺陷流程。

d．运检人员根据缺陷内容处理厂站缺陷。

缺陷处理流程参见图7-1。

3）应急处置流程。本流程适用于集控系统重要功能异常、对外通信大面积中断、机房外部交流输入电源全停、机房空调故障等，造成系统部分或全部功能失效，影响对变电站设备的监视、控制，直接威胁到电网的安全稳定运行的应急处理。重要服务器单机运行、单台UPS电源供电、机房空调运行异常等情况发生时，产生上述故障的概率增大，因此在及时处理异常或故障的同时，应检查应急处置方案的适应性，做好应急准备。

6）数据库访问控制。

7）数据库漏洞修复。

8）数据库版本升级。

9）数据库数据备份。

10）数据库恢复演练。

（3）应用系统运维。

1）维护系统图形、模型、参数。

2）制作与完善系统图表数据。

3）启停系统应用服务。

4）定期切换系统应用服务主、备机。

5）维护数据点表信息。

6）调试系统前置通道与站端互联互通。

7）分析排查厂站通道问题。

8）设备监控责任区划分。

9）配置与调整系统应用功能访问权限。

10）定义与完善告警方式。

11）调试系统间数据接口。

12）定期清理冗余、垃圾文件。

13）分析与处理应用软件缺陷。

14）升级应用软件版本。

15）备份系统数据。

（三）巡视与监视

巡视分为例行巡视、特殊巡视、值班巡视、专业巡视。

1．例行巡视

集控系统巡视分为例行巡视和特殊巡视。例行巡视每日至少开展一次，并做好巡视记录。例行巡视应包括以下内容：

（1）机房状态。

1）查看机房温度、湿度等是否满足运行环境要求。

2）查看设备所在机柜是否接地良好，是否干净整洁。

3）检查机柜门是否正常上锁。

4）查看设备电源模块状态指示是否正常，电源线缆是否连接正常且标签完整。

5）查看设备接口线缆是否连接牢固且标签完整。

6）查看设备有无异味、异响。

7）查看设备面板、板卡等部件的运行状态及指示灯是否正常。

8）检查时钟同步装置对时信号是否正常。

9）检查精密空调运行是否正常，冷凝水管包扎有无泄漏，排水是否通畅。

10）检查机房消防系统运行是否正常、消防控制系统是否有告警等。

（2）电源系统。

1）检查电源设备通风及散热是否良好，温度、湿度是否满足要求。

2）检查 UPS 主机面板显示、指示灯、风扇运行是否正常。

3）检查蓄电池壳体是否清洁。

4）检查蓄电池表面是否有渗液和鼓包现象。

5）检查电池箱、盖和电极是否有损坏的痕迹。

6）检查三相输入、输出电压、电流、负载率是否正常。

7）检查输入、输出电缆、开关的温度。

8）检查电缆有无老化、破损。

9）检查蓄电池的电压、阻抗。

（3）系统软硬件。

1）检查主机设备、网络设备、安防设备等硬件是否运行正常。

2）检查系统应用服务功能。

3）检查系统程序备份及数据备份。

4）检查系统日志。

5）检查系统间各接口、数据同步情况。

6）检查系统性能、运行工况、存储空间。

7）检查系统通道工况。

8）检查系统基础数据质量，是否存在数据不刷新、功率不平衡等问题。

（4）网络安全防护。

1）检查网络安全防护设备是否正常在线运行。

2）检查是否存在违规外联问题。

3）检查是否有非法访问。

4）检查是否有未许可的调试设备在内网使用。

5）检查专用移动介质是否感染病毒等有害程序。

2. 特殊巡视

特殊巡视是指在重要节假日、高考、中考、两会、恶劣天气及其他重要活动期间，为确保特殊时期及特定工作要求下系统稳定运行开展的巡视。特殊巡视应采取增加巡视频度、维度等措施，并做好巡视记录。特殊巡检内容包括以下内容：

（1）检查系统高风险服务及软件版本。

（2）检查系统安防策略、主机加固及漏洞补丁。

（3）检查设备空闲物理端口是否被禁用、封堵。

（4）检查是否存在未清理的过期账号。

（5）校验系统数据库模型是否存在冗余、错误记录等。

（6）检查系统相关交换网络、外围网络、外围设备。

3．值班巡视

值班巡视执行 24 小时不间断值班机制。在值班期间，必须坚守工作岗位，未经批准，不得擅自调班。

值班巡视包括以下内容：

（1）巡视机房电源、温度、湿度等告警信息。

（2）巡视自动化机房人员出入情况及其活动范围。

（3）巡视服务器运行工况告警。

（4）巡视系统应用工况告警。

（5）巡视系统关键进程告警。

（6）巡视网络工况告警。

（7）巡视系统通道工况。

（8）巡视系统数据库资源信息告警。

（9）巡视系统画面调阅、数据刷新是否正常。

（10）巡视保护频繁动作、遥信频繁变位等异常信息。

（11）巡视人员操作是否与工作票一致，安全措施是否执行到位。

4．专业巡视

专业巡视要点包括核心事项、重点事项、普通事项。

（1）核心事项包括机房硬件告警灯、进程投退信息，应用故障、数据库告警、关键通道投退等。

（2）重点事项包括服务器磁盘容量、主备数据同步、数据库资源信息等。

（3）普通事项即为系统其他非核心业务，只需要每月进行功能测试，确保相关功能保持正常运行即可。

二、系统检测和评价

（一）系统检测

1．检测条件

（1）系统启动检查。检查各节点是否能正常启动和停止。

（2）常用界面工具启动检查。检查 sys_console 能否正常使用，使用系统总控台配置工具对总控台进行正确配置，检查 sys_adm 能否正常使用，检查 dbi 能否正常使用，检查图形编辑器、图形浏览器能否正常使用，检查告警窗、告警查询等工具能否正常使用。

（3）网络配置检查。确保机器 IP 地址及掩码配置的正确性，测试机器网络地址与主机名称对应性，监视交换机的负荷、电源状态及端口状态。

（4）对时检查。监测服务器的时间是否同步一致，检查各节点时钟的一致性，检测节点时间越限监视以及越限状态写库功能。

（5）前置配置检查。检查机柜两路电源是否正常供电，风扇是否正常运转，通道箱两路电源是否正常供电，通道板的收发信号是否正常，终端服务器的双电源、双网卡和收发信号是否正常，前置机工作方式是否正确配置、是否正常运行。

（6）Ⅰ/Ⅱ/Ⅳ区同步配置检查。商用库历史同步和实时库的数据同步要满足系统运行要求，图元更改和画面修改后能自动同步。

2．检测准备

（1）了解被检测设备的运行状况。

（2）掌握被检测系统的配置参数。

（3）配备检测工作相符的数据记录表格。

3．检测内容

（1）支撑平台检测：服务器节点在线监视功能检测，系统资源及数据库监视检测，公共服务及数据库监视检测。

（2）SCADA、DSCADA 常规功能检测：数据处理功能检测，系统监视功能检测，数据记录功能检测，画面操作功能检测。

（3）SCADA 实时控制功能检测：单点遥控功能检测，批量控制功能检测，调挡处理功能检测。

（4）FES、DFES 常规功能检测：与网络 RTU 通信功能检测，数据处理功能检测，实时数据统一功能检测，工作状态统一功能检测，前置显示、维护界面功能检测，通道工况、设备工况告警功能检测，通道端口、网络、机器冗余功能检测。

（5）四区功能检测：报表管理功能检测，首页数据展示功能检测，运维业务模块功能检测，系统维护功能检测。

4．检测验收

（1）检查检测功能是否准确、完整。

（2）恢复系统设置到检测前状态。

（3）发现检测功能异常及时记录并整改。

5．检测报告

检测工作结束后，应在规定工作日内将试验报告整理完毕。对于存在缺陷的功能模块应提供检测异常报告。

（二）系统评价

设备管理部门负责组织开展集控系统和设备的运行统计、分析与评价工作。

（4）缺陷未消除前，集控系统运维人员应加强巡视，必要时应制定相应的管控措施和应急预案。危急缺陷、严重缺陷因故不能按规定期限消缺，应及时向设备管理部门汇报。

（5）设备管理部门中心应对主站缺陷的发现、处理和验收进行全流程闭环管控。

（6）设备管理部门应组织对集控系统发生的重大设备缺陷、隐患、故障进行专题技术分析。

二、缺陷处理

（一）系统应用重启

1．现象

（1）所有监控台界面数据不刷新。

（2）整个应用程序升级，重新更换。

（3）集控系统数据库结构有改动，如设备类的表。

（4）实时数据库跟商用数据库一些关键表的模型不一致。

2．处理方法

（1）应用重启前需要确保该应用停止的机器为备机，假如不是备机需要将该机器切为备机。

（2）应用切备机前需要进行主备模型和数据比对，确保主备模型和数据一致性。

（3）应用停止启动时需要时刻观察是否有表下装不成功，或者某个进程启动失败，出现问题解决问题。

（4）应用启动成功后需要切主机的话需要再次比对主备模型和数据一致性，防止出现问题。

（二）数据库切换

1．现象

（1）主数据库出现硬件故障需要升级。

（2）主数据库数据不正确，备用数据库数据正确。

2．处理方法

（1）数据库切换前需系统主备库是否在线，是否正常。

（2）数据库切换前需检查主备商用库是否一致。

（3）数据库切换后需检查商用库同步和 DATA_SRV 应用是否正常。

（三）服务器故障

1．现象

（1）界面黑屏，无法进入系统。

（2）硬盘灯闪红灯。

（3）画面僵死，应用出现异常。

2．处理方法

（1）操作系统故障的处理。当操作系统出现故障前对操作系统有过不适当的修改而无法复原，或发现系统提示缺少必要的文件、提示某些文件错误等情况，在排除服务器感染病毒的可能以后，应通过升级安装对操作系统进行恢复。升级安装之前，应对重要的配置文件和数据文件进行备份或采取可靠的保护措施。

（2）系统服务进程的故障处理。检查系统后台日志，查看该服务所依赖的系统组件是否已经正常启动。

（3）服务器响应故障。服务器承载的应用或服务器本身响应速度慢，可能是由于进程占用资源过多，而导致服务器响应慢。应检查系统进程，并将非系统必要的进程关闭。

（4）设备硬件的故障处理。设备硬件出现无法修复故障，应立即采取措施并使用相应的备品备件进行更换。

（四）磁盘阵列故障

1．现象

（1）磁盘阵列硬盘有红灯闪烁。

（2）数据库无法获取阵列空间信息。

2．处理方法

（1）发生故障时，应登录设备查看故障信息及日志，并根据日志内容分析故障出现的原因，逐步排查核实最终的故障点。

（2）当集控系统磁盘阵列设备发生单个节点故障，造成部分数据无法访问，可尝试在另一个节点接管故障节点的资源，保证数据正常访问，再进一步检查故障原因。

（3）当发生电源故障时，应查看分析系统日志，加强设备监控，更换故障电源。

（4）当发生网络模块故障时，应查看分析系统日志，加强设备监控，更换故障网络模块。

（5）当发生因设备内部温控异常而导致宕机时，应重启设备并采取物理降温措施，加强现场监控，并更换故障部件或设备。

（6）当设备因电源问题而导致宕机时，若为 PDU 供电模块故障，应采用临时电源恢复设备供电；若为设备电源模块故障，应尽快更换相应部件。

（7）若设备硬件出现无法修复故障，应立即采取措施并使用相应的备品备件进行更换。

（五）交换机故障

1．现象

（1）交换机设备红灯闪烁。

（2）交换机连接后设备网络无法 ping 通。

2．处理方法

（1）检查交换机电源模块指示灯、双路输入电源是否正常。

（2）检查网线、光纤是否连接牢固、无虚接，接头是否正常。

（3）检查交换机端口是否正常，可以通过更换所连端口，来判断其是否损坏。如为交换机端口故障，需更换端口。

（4）检查交换机配置策略是否有误。

（5）如某台交换机所连接的设备全都无法通信，则可能为交换机死机，可通过重启尝试解决。

（6）若设备硬件出现无法修复故障，应立即使用相应的备品备件进行更换。

（六）通道故障

1. 现象

（1）通道工况灯为红色。

（2）通道报文只有发送，没有接收。

2. 处理方法

（1）对于单个通道退出问题，首先 ping 对端 IP 地址，检查网络是否通畅；然后运用 TELNET 等命令检查对端服务端口是否打开；最后检查通道参数（IP、端口、规约、所连前置服务器等）配置是否正确。①如为网络不通，须通知通信运维专业处理；②如为服务端口未打开，需通知厂站运维人员重启服务端口；③如为通道参数配置错误，需修正通道参数。

（2）对于多个通道同时退出问题，首先参考单通道退出步骤检查网络问题，判断是否是调度数据网一平面或者二平面网络出现问题，导致该平面通道出现同时退出情况。①如为某平面通道网络不通，需要通知自动化及通信运维专业处理。②如果网络正常，则需要检查主站前置服务器、采集交换机硬件是否故障，连接网线是否松动、损坏；排除设备硬件故障后，检查服务器规约程序是否正常，重启规约程序尝试恢复，通过前置配置表确认前置状态是否在线，如为离线，尽快联系集控系统厂家配合处理。

第八章　输变电设备状态在线监视与分析管理

一、系统总体要求

（1）主站在线监测系统应按照公司相关标准的技术要求进行配置；监测装置应按照公司标准通信接口接入；主站在线监测系统和其他在线监测系统信息交互应符合公司相关技术规范。在线监测通信应按照公司相关标准做好安全防护；在线监测与调度端通信应满足调度数据网络和安全防护方面的要求。

（2）站端在线监测整体性能应满足公司技术规范相关要求，应确保站端在线监测的供电可靠性和连续性。

（3）监测装置配置应符合公司相关技术规范的配置原则和要求。

二、输变电设备在线监视监测相关基础知识

输变电设备状态在线监测主要包括输电设备状态在线监测、变电设备状态在线监测的测量数据和告警信息。

（1）输电设备状态在线监测量测信息，主要包括：架空线路微气象信息、杆塔倾斜信息，电缆护层电流。

（2）输电设备状态在线监测告警信息，主要包括：输电线路环境温度、等值覆冰厚度、微风振动、现场污秽度、导线弧垂告警，杆塔倾斜告警，电缆护层电流告警。

（3）变电设备状态在线监测信息，主要包括变压器（电抗器）油中溶解气体监测，变压器（电抗器）套管、电压互感器、电流互感器等绝缘监测，金属氧化物避雷器泄漏电流检测。

（4）变电设备在线监测告警信息，主要包括：变压器/电抗器油中溶解气体绝对、相对产气速率告警，变压器（电抗器）油中微水告警，变压器/电抗器铁芯接地电流告警，变压器（电抗器）套管、电压互感器、电流互感器等介质损耗因数、电容量数值及变化情况告警，断路器/GIS SF_6气体压力、水分告警，金属氧化物避雷器阻性电流、全电流告警，组合电器局部放电。

三、信息分类

根据装置所监测的输变电设备状态量的幅值大小或变化趋势，将设备状态信息分为正常信息、预警信息和告警信息三类。

（1）正常信息表示输变电设备状态量稳定，设备对应状态正常。

（2）预警信息对应于电网智能运检系统告知信息，表示输变电设备状态量变化向报警值趋势发展，但未超过报警值。设备可能存在隐患，需加强监视。

（3）告警信息对应于电网智能运检系统异常信息，表示输变电设备状态量超过相关标准限值，或变化趋势明显。设备可能存在缺陷，并有可能发展为故障，需采取相应措施。

四、例行巡视

运维单位应结合设备例行巡视进行站端系统巡视检查，巡视周期与被监测设备的巡视周期一致。在特殊情况下，如被监测设备遭受雷击、短路等大扰动后，或监测数据异常，以及在大负荷、异常气候等情况时应加强巡视检查。

在例行巡视、远程监视中发现异常时应通知检修维护单位及时处理。

（1）主站系统巡视内容。

1）检查主站系统软硬件运行状态，做好巡视记录。

2）检查站端系统与主站系统间的网络通信状态。

3）检查主站系统同其他相关业务系统的接口网络通信状态。

（2）站端系统巡视内容。

1）检查监测装置的外观有无锈蚀、密封良好、连接紧固。

2）检查电缆（光缆）的连接无松动、无弯曲死角和断裂。

3）检查油气管路接口应无渗漏。

4）检查就地显示装置应显示正常。

5）检查监测数据及通信情况应正常。

6）检查监测装置的供电应正常。

7）检查综合监测单元、CAC、CMA、综合应用服务器等运行应正常。

8）在被监测设备充电、倒闸操作及其他可能影响站端系统运行的情况下，应及时检查相关监测装置工作是否正常。

五、告警管理

（1）发生监测装置告警时，设备管理部门应迅速组织开展告警原因排查和处理，确保被监测设备及监测装置运行良好。

（2）发生系统告警后设备管理部门应尽快组织安排检查以下项目：

1）告警阈值的设置是否正确。

2）外部接线、网络通信是否异常。

3）站端系统相关设备是否异常。

4）是否有强烈的电磁干扰源发生，如断路器和隔离开关操作、外部短路故障等。

5）是否有异常天气。

（3）如经过数据告警检查后确认站端系统工作正常，设备管理部门应进行分析和处置，重大设备隐患应进行在线监测数据变化的趋势、横向比较和相关性分析并出具诊断报告。

六、日常维护

（1）站端在线监测维护人员应熟悉相关使用文件，严格按照运行规程和装置使用说明书进行相关维护工作。

（2）定期对站端系统的电源、网络通信状况进行维护，保证系统处于正常运行状态。

（3）被监测设备检修时，设备管理部门应对监测装置进行必要的检查和试验。

（4）被监测设备解体或更换时，设备管理部门应将监测装置拆卸，妥善保存并同步更新系统中装置状态；拆卸、安装应按制造厂技术要求进行，安装结束后应对监测装置进行必要的检查和试验。

（5）站端系统异常及故障处理。

1）当站端在线监测异常时，按照监测装置现场运行规程和使用说明书进行检查处理。

2）站端在线监测发生不能恢复的故障时，设备管理部门应及时组织相关单位和厂家查明原因，进行修理或更换。

3）站端在线监测发生的异常和故障情况应在运行缺陷记录中记录。

4）站端在线监测的维护涉及带电作业时，需严格按照带电作业规程进行操作。

（6）在改扩建工程和检修升级时，应加强监测装置相关设计文件、模型文件、配置文件的管控及更新。

（7）主站及网络通信系统的软硬件维护按照公司相关文件要求执行。

七、缺陷管理

（1）站端在线监测各类装置的缺陷需在电网智能运检系统中进行缺陷的录入，并及时安排检查、处理、消除缺陷等工作。

（2）各类监测装置的缺陷情况应进行分类管理。

（3）系统危急缺陷应在 24h 内处理完毕，系统严重缺陷应在 1 个月内处理完毕。

（4）经评估应停电处理的缺陷，可结合停电计划等因素进行处理。

参 考 文 献

[1] 熊信银，朱永利．发电厂电气部分．4版．北京：中国电力出版社，2009.

[2] 国家电力调度通信中心．国家电网公司继电保护培训教材．北京：中国电力出版社，2009.

[3] 林冶，张孔林，唐志军．智能变电站二次系统原理与现场实用技术．北京：中国电力出版社，2016.

[4] 国网天津电力公司．电网设备集中监控技术．北京：中国电力出版社，2019.